地球を掘りすすむと何があるか

Hirose Kei
廣瀬 敬

KAWADE夢新書

装幀◉こやまたかこ
図版作成◉原田弘和
◉アルファヴィル

地底から未来も過去もわかる——はじめに

地球って、どんな星ですか？

突然ですが、もしもそう聞かれたとしたら、あなたならどう答えるでしょうか。

たとえば「海があって、豊かな自然があって、たくさんの人々が暮らす星」。そんな答えもあるかもしれません。たしかにそのとおり。しかし、それは地球のほんの一部、地表の様子を語っているにすぎません。地球という星は、半径が約6400キロメートルもある、大きな天体です。そして私たちが実際に見て知っているのは、ほぼその表面だけ、ということになります。

では、地球の中身はどうでしょう。地面の下を実際に掘って調査がおこなわれたこともあります。しかしその深さは、最深で12キロです。半径6400キロのわずか1パーセントにもまったくとどきません。人類は、地球からはるか48億キロ以上も離れた冥王星《めいおうせい》にまで探査機を到達させているのに、足元はわずか12キロしか到達できていない。それが現実です。

もちろん、到達していないからといって、何もわかっていないというわけではありません。地球の中、つまり地面の下がどうなっているかといえば、そこにはマントルというものがあって、さらに地球の中心まで掘りすすんでいくとコアがある。それくらいのことは、たいていの方がご存じでしょう。

では、このマントルとはいったいどのようなものかというと、岩石がドロドロに融《と》けた溶岩のようなもの、そう思っている人もいらっしゃるのではないでしょうか。

私が授業で、「地球の中はドロドロだと思っている人は?」と聞いてみると、かなり多くの学生が手を挙げます。巷《ちまた》で見かける地球断面を描いたイラストには、たいていの場合、マントルの部分は赤くなっています。ドロドロのように思ってしまっても仕方ありません。しかし実際には、マントルは赤くもなければ、ドロドロでもないのです。

それについては、後ほど1章で詳しく述べることにしましょう。

この本では、地球をどんどん掘っていくと何があるのか、という話をしようと思います。地球の中身がどうなっているのか、それを知ったところでどうなるのか。地球の中に何があろうと、私たちの日常に関係ないではないか。そう思う人もいるかもしれません(もっとも、そう思う人は、そもそもこの本を手にとっていないかもしれませんが)。

ところがこれが、関係がないどころか、大ありなのです。地球の中身を探っていくと、私たちの地球の歴史がわかるかもしれない。地球の成り立ちの秘密もわかるかもしれない。生命を宿す星・地球がどれだけ特殊なのか、つまり地球外生命体の可能性さえわかるかもしれない。地球の底は、過去にも未来にも宇宙にもつながっているのです。
まずは、足元の地面を掘りすすんでみましょう。

廣瀬　敬

1——地下30kmまで 生命の森「土壌」と、「地殻」の世界

地殻とは何か？　14
月にはいけても、地下には12キロしか掘りすすめない　16
地下深部にも生命は存在した　19
地下の生命体から、地球生命の起源を探る　21
生命活動の「常識」を覆す生き物は現れるか？　24
地球生命は、宇宙の中でどれぐらいユニークなのか？　28

2——鉱物の色彩豊かな「マントル」の世界

地下30～2890km

マントルの石は美しい　32
地下深部の構造をどうやって調べるのか？　34
なぜ地球の内部は固体とわかるのか？　37
地下410キロの不連続面を実験室で再現する　40
マントル内の境となる地下660キロの不連続面　42
諸説あった地下2600キロの不連続面の世界　46
ダイヤモンド・アンビル・セルでの挑戦　49
小さな機器で地下深部を再現する仕組み　52
高圧をかけた物質をどう調べるのか？　54

3——「プレート」と「マントル対流」活動する地球の仕組み

プレートとは何か？ 58
大陸プレートと海洋プレートの違いとは 59
プレートはなぜ動くのか？ 63
海洋プレートの駆動力はどこから生まれる？ 64
中央海嶺の活動の仕組みとは 65
プレートはどのようにしてできるのか？ 67
プレート運動の鍵は海 69
プレートの沈み込みが火山をつくる 70
火山の110キロ地下に海溝がある謎 74
地下110キロでいったい何が起きているのか？ 77
ホットスポットはどうしてできるのか？ 79
ホットスポットのマグマができる仕組み 82
マントル対流と相転移の関係 83

地球は冷えている 87
地殻、マントル、プレートの関係 89

4―鉄から成る地球の中心「コア」の世界

地下2890〜6370km

内核の発見 92
コアはなぜ鉄の塊なのか？ 93
鉄から成るコアが、鉄より軽い謎 95
不純物の正体を「水素」と考える理由 99
水素の元「水」はどこからきたのか？ 100
コアの軽元素がわかると、何がわかるのか？ 103
コアの組成からさまざまな謎が解ける 105
コアが磁気をつくる 107
地球は巨大な電磁石だった！ 109

5　コアがつくる磁場と地球生命の誕生

生命誕生の謎　114
深海ではなく、波打ち際で生命は誕生した？　116
そのほかの「生命誕生」説とは　119
磁場が生命を誕生・進化させた　121

6　地球史の大きな謎「磁場逆転」現象

地球のN極とS極は逆転を繰り返してきた　126
もしも地球から地磁気がなくなったら…　129
大陸移動説と磁場逆転の歴史　131
磁場逆転とチバニアン　135

7――地底から浮かび上がる宇宙の成り立ち

太陽系の誕生 140
酸素の由来とスノーライン 141
水星、金星、地球、火星のコアの成り立ち 144
惑星の個性を決めたマグマオーシャン 146
火星から海がなくなったのはなぜか? 148
マグマオーシャンの「深さ」とコアの不純物の関係 150
火星のコアを分析すると… 152
火星の磁場が失われた理由 154
地球の磁場はどうやって維持されてきたのか? 155
火星のマントルの状態は? 158
火星はなぜ小さい? 161
金星に海ができなかったのはなぜか? 163
月はなぜ白く輝くのか? 165

月の探究が生んだマグマオーシャン　167
月の誕生の謎　168
地球のマグネシウムはなぜ多い？　171
その他の太陽系惑星の内部構造　174

終章――足元から森羅万象を解明する地球科学のススメ

地球科学の対象はどんどん広がっている　178
地球科学の醍醐味とは　180
地球科学におけるパラダイム・シフト　182
もっとサイエンスに触れる機会を！　184
地球科学はこんなに身近にある　188

地下30kmまで

1——生命の森「土壌」と、「地殻」の世界

地殻とは何か？

さて、地底探検を始める前に、まず〝地図〟を確認しておきましょう（口絵図A）。地球全体の構造はどうなっているのでしょうか。

地球の半径は約6400キロメートル、ということは、6400キロ掘りすすむと地球の中心に達するということになります。

まず、地球のもっとも外側は、地殻《ちかく》という部分に覆《おお》われています。厚さは6～30キロ。場所によって異なり、大陸では厚く、海底下では薄くなっています。地殻の下はマントルと呼ばれる部分で、上部マントルと下部マントルに分けられます。マントルは地下約2900キロまで続き、その下はコア（核）と呼ばれる部分です。コアもまた、外核と内核に分かれています。

大ざっぱにいうなら、まず表面にごく薄い地殻があり、その下に厚いマントルがあって、中心にコアがある。この構造は、卵にも似ています。地殻が卵の殻《から》で、マントルが白身、コアが黄身。たしかに似ているのですが、大きく違うところは、地殻はじつは殻のような役割を果たすものではないということです。

殻とは本来、外と内を隔《へだ》てるための特別な構造物です。たとえば、細胞には細胞膜がありますが、これはまさに卵の殻のようなもので、細胞の輪郭《りんかく》をつくりながら、中と外とで必要な物質の出し入れをしている、細胞にとってはとても重要な出入り口です。

では地殻が地球にとってそれほど重要かといわれると、そこまで重要な役割を果たしているわけではありません。地殻とは、結局のところマグマが噴火してできた石だったり、それが別の石に姿を変えたものがほとんどです。おおもとはマグマであって、そのマグマはマントルでできたものです。つまりは、マントルの一部が融《と》けてマグマになり、それが地表に噴き出して変化したものが地殻です。マントルが親で地殻が子、分身であり、親子関係だといえるでしょう。

そういう意味では、たとえていえば、地殻はカフェオレの表面にできた膜のようなもので、地球で大事なのはむしろマントルであるということができます。実際に、地球の体積の84パーセントがマントルです。あとで詳しくお話ししますが、コアの対流運動が地磁気を発生させて、地表環境に大きな影響を与えているわけですが、それもマントルがコアを冷却することで対流を発生させているわけですから、基本的に「地球はマントルの星」といってもいいと思います。

月にはいけても、地下には12キロしか掘りすすめない

私たちの足元にある地面、たいてい、これはまだ地殻と呼ばれる部分ではありません。土壌と呼ばれる、風化した岩石が細かい粒子となって堆積《たいせき》した層です。土壌は生物の死骸《しがい》や排泄物《はいせつぶつ》などが供給する有機物を含み、微生物がすみつき、植物に栄養を供給しています。この土壌を掘りすすむと、やがて硬い岩石層に到達します。これが地殻です。

地殻の厚さは6～30キロメートルといいましたが、これは主に大陸地殻か海洋地殻かで大きく異なります。大陸地殻は世界中ほぼどこへいっても、およそ30キロあります。

ちなみに、島国である日本はどちらなのかというと、大陸地殻です。そういうと、意外に思う方もいるかもしれませんが、じつは日本列島はつい最近まで大陸の一部でした。つい最近といってもおよそ２０００万年前の話ですが、それ以前は中国や韓国あたりにペタッとくっついた大陸の一部だったのです。最近ようやく分かれましたが、地殻としては大陸の一部。だから東京の下を掘っていくと、マントルまで30キロあります。

日本列島の地質帯で、もっとも古いものは約5億年前のものです。そのうちの2000万年なので、やはり地球のタイムスケールでは、日本列島が〝独立〟したのは最近といっていいでしょう。

月まで到達できた人類ですが、ボーリングで到達した最深記録は地下12キロです。その場所はロシア北西部、フィンランドとの国境に近いコラ半島というところです。目的は科学掘削《くっさく》、地下深く掘っていくと何があるのかという、純粋に科学目的のために掘削がおこなわれました。1970年に掘り始めて、じつに20年ほどかけて1万2262メートルに達しています。

しかし掘削はここで頓挫《とんざ》。原因は高温です。地球の中身はドロドロではないといいましたが、ドロドロではなくても掘りすすむほど高温になります。だいたい1キロメートル掘りすすむごとに30℃上昇というのが平均的なペースですが、もちろん場所によって異なります。熱源が近ければそれだけ高温になるのもはやくなるはずで、そういう意味では、あとでお話ししますが、海の底のほうが熱いマントルに近いので、はやく熱くなります。

高温になると何が問題かというと、掘削をおこなうドリルが使い物にならなくなってしまうのです。ドリルの先端の刃の部分にはダイヤモンドを使っています。ダイヤモンドは

図1：掘削機をそなえた地球深部探査船「ちきゅう」©JAMSTEC／IODP

人類が知るもっとも硬い物質ですが、じつは熱に弱いのです。

よく知られているようにC（炭素）でできていて、高温では、同じCの結晶体であるグラファイトという物質に変化してしまいます。グラファイトは鉛筆の芯に使われる物質で、ダイヤモンドと同じく炭素でできていますが、結晶構造が違います。鉛筆の芯に使われるくらいですから、とてもやわらかく、ドリルとして用をなさないのです。

このダイヤモンドの限界は、突破するのが困難です。今後、技術が進歩すればより深い掘削が可能になるかというと、それは難しいかもしれません。ダイヤモンドを使わない何か別の方法を考えるなど、発想の転換が必要です。

というわけで、人類はいまだに地殻を掘り抜いて、マントルに到達することができていません。

マントルに到達するには、大陸地殻ではなく、より薄い海洋地殻を掘ったほうが可能性が高いように思われます。日本でも現在、地球深部探査船「ちきゅう」を使って掘削調査が進み、人類史上初のマントルへの到達を目指しています（図1）。

地下深部にも生命は存在した

こうした掘削調査を進めていく中で、近年とても注目されていることがあります。それは、地中生物です。従来、地下深部には生物はいないと考えられていました。生物といっても、もちろん知的生物ではなく、細菌、微生物の類いです。土壌の浅い部分に多くの微生物がいることとは広く知られていますが、地中数キロメートルまで掘りすすむと、そこは太陽のエネルギーも届かず、高温高圧の世界です。そのような環境で、微生物とはいえ生息できるはずがない、というのが従来の常識だったのです。

ところが、最近の調査で、地下3キロほどの地中にもさまざまな微生物がいることがわかってきました。世界数百か所の鉱山や掘削孔から試料を採取して調べてみると、意外に

1 〈地下30kmまで〉生命の森「土壌」と、「地殻」の世界

も多くの微生物が見つかるのです。こうした地中生物の研究は、この20年で急速に研究が進みつつあるものの、まだ始まったばかりです。まだまだサンプリングポイントは十分とはいえず、たまたまサンプリングした地点にたくさんの生物がいただけなのかもしれませんし、あるいは世界中いたるところに地中生物がいるのかもしれません。研究者の中には、地表よりももっとたくさんの生物がいるだろうという人もいます。

生命誕生の話は、5章でもう少し詳しく述べますが、地球ができてからそう長くない時期に、少なくとも38億年前には生命が誕生して以来、生物の歴史は今日まで絶えることなく続いています。途中で絶滅してしまった種《しゅ》もたくさんありますが、「生命」全体という単位で見れば、絶滅せずに今日まで生き延びてきています。

つまり、生命というシステムはとてもロバスト（強靭《きょうじん》）で、環境適応能力が高いといえるでしょう。

実際、ある種の生物が並外れた環境適応能力を持つことはすでに知られています。たとえば、クマムシという生物。体長0・1～1ミリメートルほどですが〝地上最強〟といわれるほど、過酷な環境でも生き抜く能力を持っています。陸生のクマムシの1種は、周囲に水がなくなると仮死状態になり、この状態でマイナス273℃の超低温から100℃まで、あるいは真空から7万気圧という高圧まで、さらには宇宙空間で10日間も宇宙線を浴び続けてもまだ生きていたという実験結果があります。

生物がこれだけの環境適応能力を身につけることが可能なら、さまざまな種が生息環境を広げる生存競争を繰り広げる中で、競争に敗れて地底深くに逃げ込んだ種があっても不思議はないと私は思っています。

最近になって、地下空間には思っていた以上に生物がいることがわかって、ほんとうに生物の環境適応能力はすごいものだと感心させられます。

地下の生命体から、地球生命の起源を探る

でも、地中生物の研究のほんとうに興味深いところは、その先です。もし、〝私たち〟とはまったく異なる生物が見つかったら、それは大発見になるかもしれないということなのです。

〝私たち〟とはつまり、いま知られている生物全体のことで、私たち人間にせよ、動物にせよ、細菌のような微生物にせよ、植物にせよ、少なくとも、いま知られているすべての

図2：セントラルドグマ

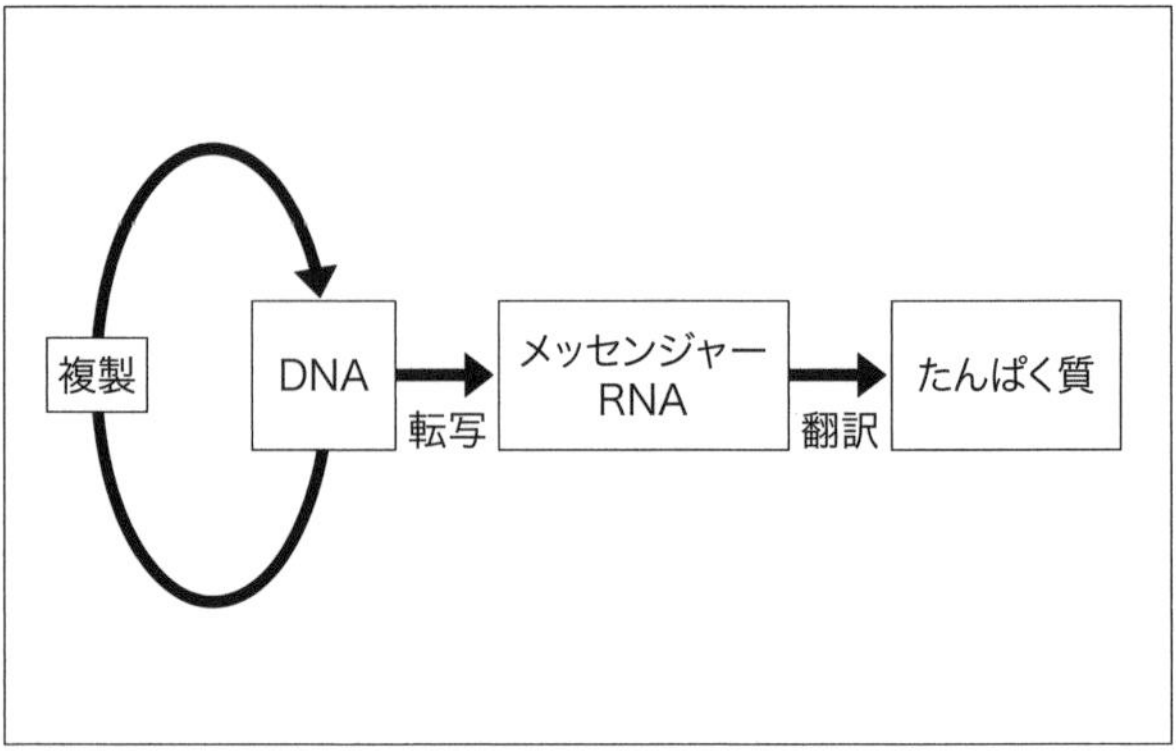

生物は、同じ基本法則に従って、生命を維持し、遺伝子を残しています。

その基本法則というのはセントラルドグマと呼ばれるもので、DNAの持つ遺伝子情報を、mRNA（メッセンジャーRNA）に転写して、それをもとにタンパク質を製造するという一連の仕組みのことです（図2）。人間のような高等生物から、もっと原始的な生物まで、遺伝子情報の複雑さはそれぞれでも、この仕組みそのものは同じなのです。

基本的には、核酸の種類は4種、アミノ酸も20種で、すべての生物が同じ遺伝子暗号表と呼ばれるものを使って、遺伝子情報をタンパク質に読み替えて、生命活動を維持しています。つまり、生物の起源を探っていけば、ただ1種類の生物〝ルカ〟から、いまあるすべての生物が派生、進化して生まれてきていると考えられているのです。それでは、その最初の生物とはどんなものだったのか、どうやって誕生したのか、というのが生命の起源の問題というわけです。

しかし、同時にこんなふうに想像してみることもできます。いま、私たちが共通祖先と呼ぶようなすべての生物の祖先であるような生物がいるとして、一方で、もしかしたらそれとはまったく違う仕組みで生命的な活動をする生物が、かつては存在していたのかもしれない。しかし、生存競争に〝私たち〟が勝ったことで、他方は駆逐《くちく》され、地上から消えてしまったのかもしれない。そういうことが、可能性としては十分ありうるわけです。

言い換えれば、生命の起源と呼べるものが、じつはもうこの地球上で何百回もあって、そのたびに異なる生命が生まれているのだけれど、最終的に〝私たち〟の生物だけがすべての環境変化に適応し、すべての他の生物を滅《ほろ》ぼして、生き残っているだけかもしれないのです。

これにはさらに深い意味があって、要は生命の誕生というものが、さまざまな条件が偶然にも整って成立した、ものすごく確率の低い奇跡的なものなのか、それとも、地球の歴史の中で生命の誕生というイベントは１００回も２００回もあるようなありふれたものだけれども、最終的にもっとも強い１種類が残って、いまいるだけなのか。つまり、生命が発生するということが、ものすごく奇跡的なことなのか、あるいはそうではないのか。

もしも、奇跡的ではないとすると、それなら宇宙にもたくさんの生命が生まれているのではないか、少なくともその可能性が広がります。地球以外の惑星に生命はいるのか、この果てしない宇宙のどこかに、地球人とは異なる別の生命体は果たしているのか、ということは、昔からSFに限らず科学の領域でも何度も議論されてきたわけですが、その可能性が広がることになります。火星にだって当然いたかもしれない、と考えてみることもできるのです。

しかし、生命の誕生が地球の歴史上たった1回の奇跡的なものだとしたら、それはかなり難しい話ということになります。

つまり、これは私たちの生命観、宇宙における生命の存在確率のようなものを予言する話でもあるのです。

生命活動の「常識」を覆す生き物は現れるか?

宇宙には〝私たち〟とは異なる生物が存在する、という発想がどうして出てきたのかというと、あながち根拠のない話ではないのです。

たとえば、〝私たち〟は20種類のアミノ酸を使ってタンパク質をつくっています。しかし、なぜこの20種類だけなのか、という疑問は昔からありました。というのは、自然界には何百種類ものアミノ酸があって、理屈からいえば、万単位のアミノ酸がありうるはずだからです。

たとえば、宇宙からくる炭素質コンドライトと呼ばれる有機物を含む隕石を見てみると、無数のアミノ酸が含まれていることがわかります。それなのに、なぜ、地球のすべての生物が20種類のアミノ酸だけを選んで使っているのか、そこにどれだけ合理的な理由があるのか、という課題はいまだに解決されていません。

過去にも、20種類ではなくて21種類ではだめなのか、19種類にしたらどうなるだろうか、あるいは10種類だけでやっていけるのかどうか、というような研究があります。実際に、20のアミノ酸のうちのひとつふたつを使うのをやめて19や18にしても、ある程度はうまくいく、という実験結果もあります。つまり、この20種類のアミノ酸は、唯一無二の正解というわけではないのです。

たしかに、非常にうまく選ばれているのは事実です。いってみれば、アミノ酸という大きな集合の中で、とてもバランスよく選ばれているといえます。感覚的にいうと、世界中の各大陸からひとりずつ選抜しているようなところがあって、たしかにうまく選ばれてはいるのですが、かといって、ひとつやふたつ入れ替わったとしても、別にどうということはないはずです。

別の言い方をすれば、私たちが知っているこのタイプの生命体だけが、この世に存在できるというわけではないということです。

まったく異なるアミノ酸の選び方も十分にありうる。私たちとはまったく異なるアミノ酸を使って生命活動をするような生命体は存在できないかというと、そんなことはないのです。

仮に〝私たち〟のような生命体を地球型と呼ぶとすると、地球型生命ではなくても存在しうる、存在する可能性があるということです。それは少なくとも試験管の中では明らかに見えます。

地中生物の話に戻ると、いままで生物がいないと思われていた地下深部に、じつはたくさんの生物がいることがわかってきました。生物はエネルギーがなければ生きていけないので、普通は太陽の光や温泉水のようにつねにエネルギーが供給されるところに生息しているはずと考えられてきました。

ところが、じつはほとんどエネルギーがないようなところにも、生物が生息していることがわかったのです。

彼らはエネルギーを摂取することがほとんどできないので、基本的にはほとんど動かない。ほとんど代謝もしないし、細胞分裂もしない。いままでの常識では考えられないような生物です。

それでも、いままでのところ、地中深部で発見された新生物はすべて地球型生物です。しかし、地下深部にはまだまだ発見されていない生物がたくさんいるはずです。たしかに地球型生物は環境適応の力が高い、少しぐらい圧力が高くても温度が高くてもエネルギーがなくても我慢できるということがわかりつつある。

とはいっても、まだまだ地球型生物が適応できない環境はありそうだということは容易に想像できます。

そうであるなら、そのような環境に、未知の生命体、もしかすると地球型生命とはまったく異なる仕組みで、生命活動を維持する生命体がいるかもしれないのです。

地球生命は、宇宙の中でどれぐらいユニークなのか？

そのような、新しい生命体を発見することができたら、それは地球型生命体以外の生命として初めての発見になるはずです。つまり、いま私たちは1種類の生命しか知らないだけで、2種類目がいるかもしれない。試験管の中では少ない種類のアミノ酸でできたタンパク質がちゃんと酵素として働くことは確かめられたけれども、実際に自然界で、私たちの生命とは先祖の異なる、私たちとは異なる仕組みで動いている生命体がもしも見つかったとしたら、それはとてつもなく大きな発見となるはずです。

これはサイエンスの価値としては、火星で火星型生命を見つけるのと同じくらいインパクトのある話です。

このような地下生物の話をすると、では、その可能性はどのくらいあるのか、という話に必ずなるのですが、私は十分に可能性があると思っています。

この種の質問は、宇宙に（地球以外に）生物はいるのか、というのと似ていて、生命の誕生はものすごく奇跡的な出来事であるとしても、一方で惑星の数もほぼ無限といっていいほどあるので、確率は低いけれどもチャンスは山ほどある、だからどこかにはいるんじゃないでしょうか、というしかないのです。そうなると、もう理屈ではなく、感覚の話ということになります。

私たちが地球の起源について探求していこうとすると、地球の起源はすなわち惑星の起源ということに行き当たります。

惑星とひと口にいっても、何千もあります。昔は太陽系に9つしかないと考えられていましたが、いまはもう、他の恒星の周りに山ほどあって、発見されているだけで5000を超えています。惑星のサンプルが5000もあれば、地球はその中で特殊なのか、あるいは普遍的なのか、相対化することができます。地球の「全体の中での位置付け」を理解することができます。

しかし生命については、何度もいうように、1種類しか知られていません。誕生以来これだけ進化し、分化して、多様なものになっているけれども、結局「生命の起源」といえばひとつだけです。

サンプルがひとつしかない、それが生命を考えるときの難しさで、もしも生命というものが何千種類もあったとしたら、地球型生命がその中でどのくらい特殊なものなのか、あるいは普遍的なものなのか、理解することができます。生命については、そのような相対化がまだぜんぜんできていないのです。そういう意味では、まだまだわからないことがたくさんあります。もしも、地球型生命ではない〝2種類目〟の生命を見つけることができれば、大きなブレイクスルーになるはずです。

2——鉱物の色彩豊かな「マントル」の世界

地下30～2890km

マントルの石は美しい

地球の表面を覆う6～30キロメートルの地殻《ちかく》、ここを掘りすすんでいくと、ある地点で石の色がガラッと変わります。私は「マントルはきれいな石でできている」といつもいっているのですが、地殻の石はいってみれば〝ありふれた、つまらない石〟、そこから急にきれいなオリーブグリーンに変わる。そこが、地殻とマントルの境界です。べつにそこで温度が変わるわけではなく、真っ赤に融けたドロドロのマグマが出てくるわけでもなく、硬いオリーブグリーンの岩石が現れます。

この岩石を、カンラン岩といいます。カンラン岩の中で大半を占める鉱物がカンラン石です（口絵図C）。ペリドットという名で宝石として扱われることもあり、8月の誕生石になっています。

人類はまだマントルに到達したことがないはずなのに、なぜマントルの岩石が地上にあるのかというと、それにはふたつの経路があります。

ひとつは、マグマが上昇してくるときに、周りにあった岩石を道連れにしてくるという

図3：プレートのめくり上がりのイメージ（日高山脈）

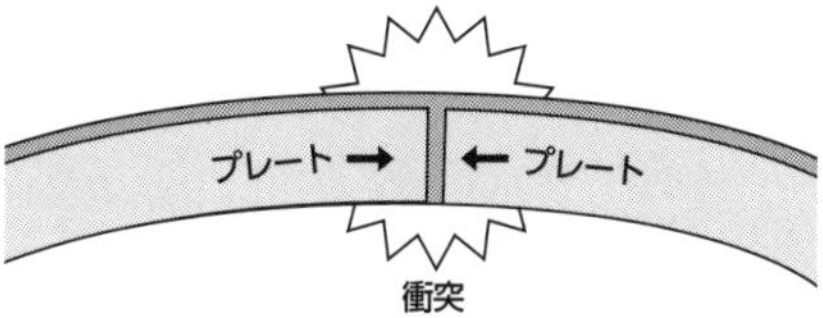

①ユーラシアプレートと北米プレートがぶつかる

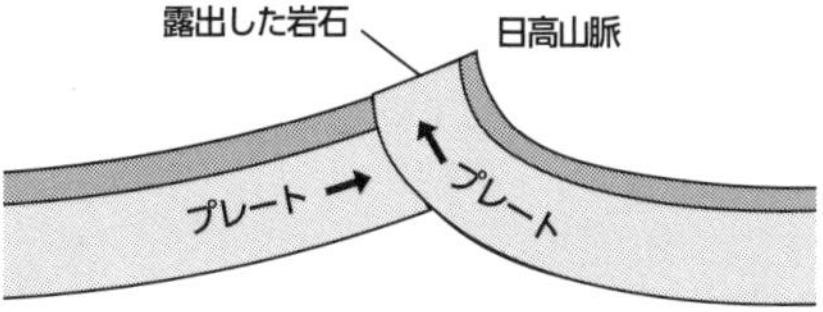

②ぶつかったプレートがめくり上がり山脈レベルの岩体となる

パターン。火山の仕組みについては3章で触れますが、地球の地下全体がマグマで満ちているわけではないものの、地中の一部にマントルの岩石が融解したマグマがあり、それが地表に噴き出してくることがあります。火山の噴火活動です。このときに、マグマの周りにあったカンラン岩が一緒に地表に運ばれてくるわけです。このパターンで見られるカンラン石は、数十センチ以下の石ころで、岩体ではありません。

マントルの岩石が地表に現れるパターンは、もうひとつあります。プレートのめくれ上がりです。プレートについては後述しますが（3章）、プレート同士が衝突すると、片方のプレートがめくれ上がってマントルの岩石が地表に現れることがあります。この場合は数十センチの石ころではなく、山脈レベルの大きな岩体になります（図3）。

日本列島は4つものプレートが集まってきているので、こうした箇所がたくさんあります。たとえば北海道の日高山脈。日高の山々のすべてがマントルの岩石というわけではありませんが、岩体として数キロにわたってマントルの岩石が観察できます。首都圏に近いところでは、千葉県の鴨川《かもがわ》でもマントルの岩体が露出《ろしゅつ》している地層が見られます。

ただし、カンラン岩には風化しやすいという弱点があります。地表に現れ、風雨にさらされると黒っぽくてすべすべした岩石に変わってしまいます。これは、蛇紋石《じゃもんせき》という別の鉱物ができたためです。日本は、雨が多いので特に風化しやすく、鴨川で地表に露出したカンラン岩はすでにほとんどが蛇紋岩に変わってしまっています。

地下深部の構造をどうやって調べるのか？

マントルの上部は、カンラン岩でできていることはわかりましたが、さらに掘りすすんでいくと、構成する鉱物も変化します。しかし、ここから先は誰も見たことがない世界です。いったいどのような方法で知ることができるのでしょうか。

地球の内部構造について、多くの情報をもたらしてくれるのが地震波です。基本的に、地球内部の観測は、そのほとんどが地震学といっても過言ではありません。もちろん、電磁気学や測地学などもありますが、情報量としては圧倒的に地震学です。

地震が起きると、P波（縦波）とS波（横波）が発生することは、皆さんもご存じでしょう。地震の最初にまずドンと縦揺れがきます。これがP波。少し遅れて大きな横揺れがきます。これがS波。P波とS波が地面の中を伝わってきている、その伝わるスピードが異なるということになります。この伝わり方を細かく分析していくことで、地球の中がどうなっているのかがわかってきます（図4）。

たとえば、北海道で震度3程度の地震があっても、東京で体で感じることはないでしょう。しかし、高感度な地震計で測定すると、震幅が0・001ミクロン程度の微弱な震動でも正確に観測することができます。北海道どころか、地球の裏側で発生した地震も感知することができます。たとえば、南米のチリあたりで地震が発生したとすると、日本でそれを体感することはないけれども、高感度な地震計ではその地震波をキャッチすることができます。

地震波の伝わり方は複雑です。ひとつの震源から発した地震波は、地中になんらかの境

図4：地球内部の地震波の伝わり方（イメージ）

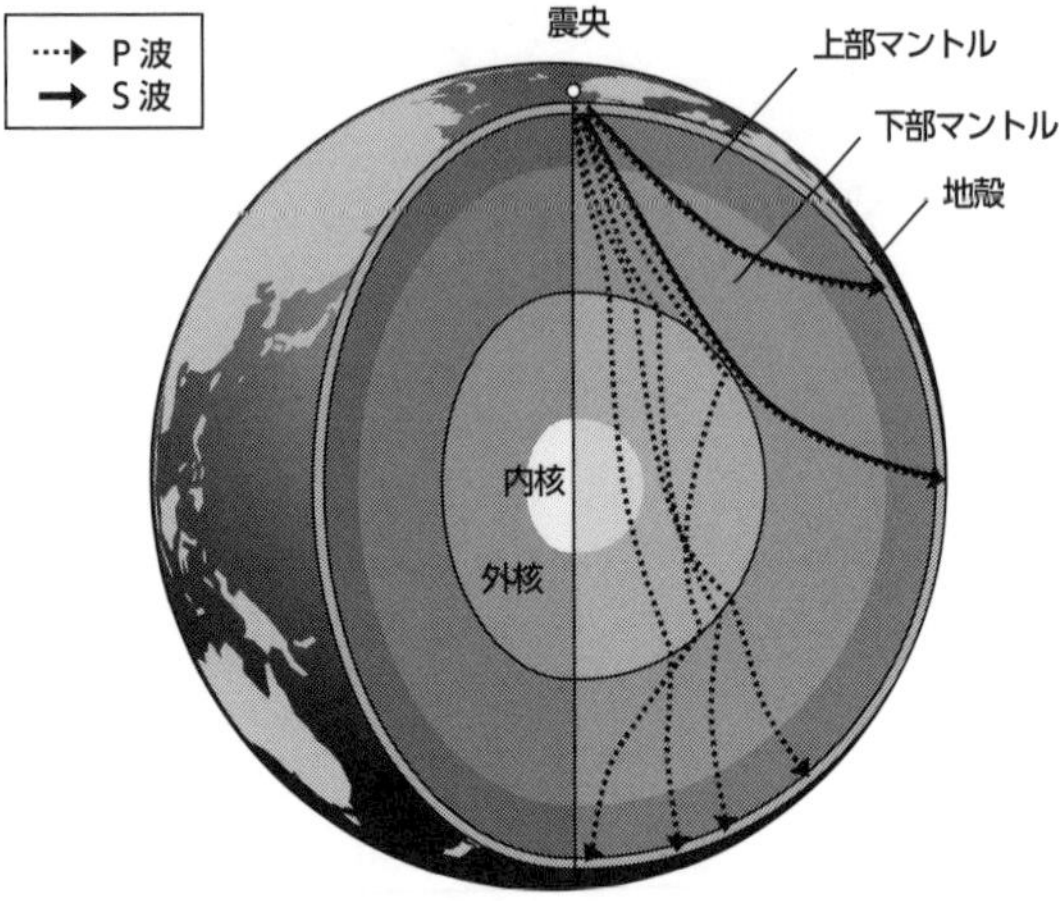

地震波は、特定の深度で伝わり方が変化する

図5：地震波速度と深さの関係

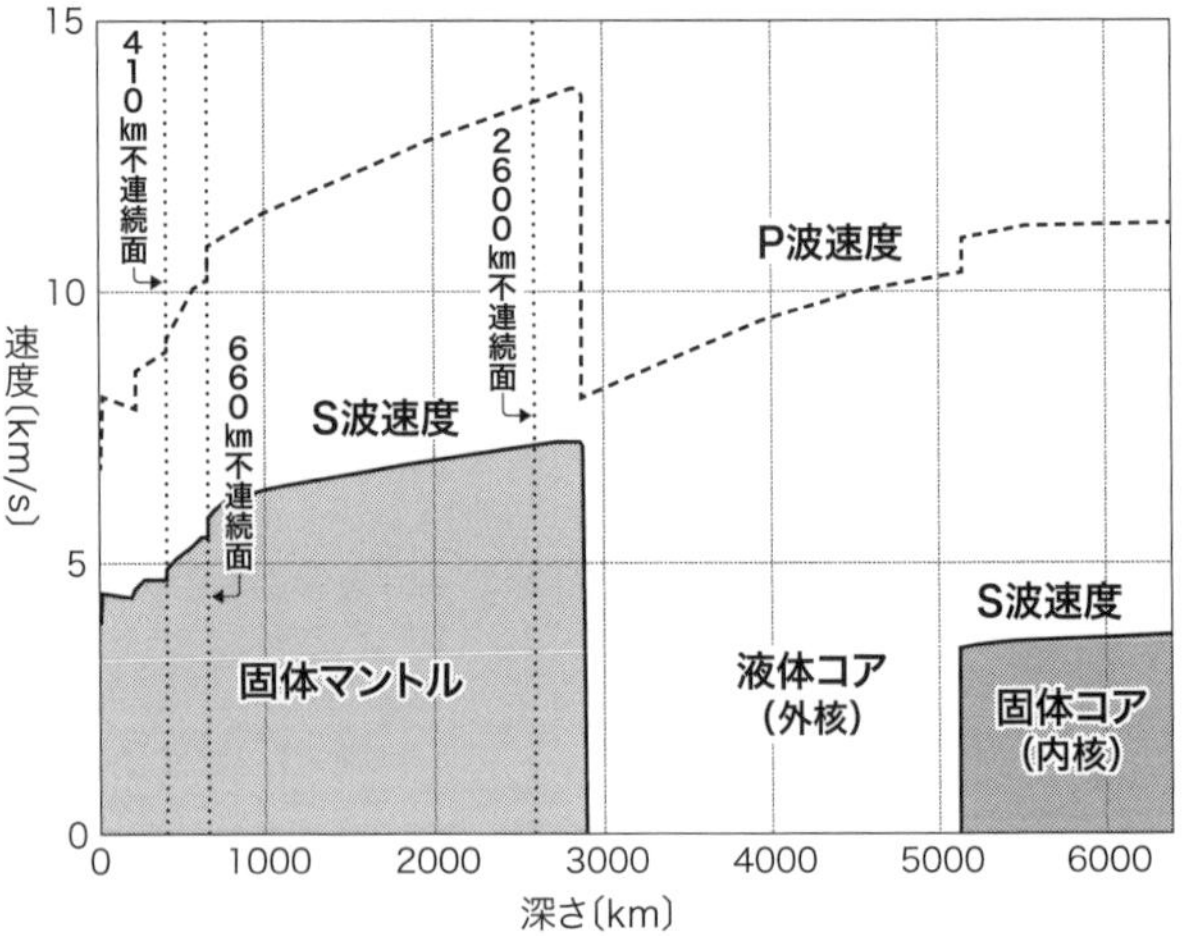

界面があると、そこで反射したり屈折したりしながら、さまざまな経路をたどって、地表の別の場所にある数多くの地震計で観測されます（図4）。それらのデータを解析することで、地中のどこに境界面があるかがわかります。ある特定の深度で、地震波の速度が変わったり、反射したり、不連続的に変化するからです。こういう変化は、ほぼ世界中でだいたい同じ深さで起きます。それを、地震波速度の不連続面といいます（図5）。

なぜ地球の内部は固体とわかるのか？

こうした地震波の観測によって、まず、どの深さにそのような境界面があるのかということがわかってきます。境界面はひとつではありません。いちばん有名なのが、大陸の地下30キロ付近にある境界面で、何か物質が変化しているために、そこで地震波が反射してくるのがわかります。大陸の下では、深さ30キロという数字は世界中どこにいっても同じです。前述したように、これが地殻とマントルの境界です。１９０９年のクロアチアの地球物理学者A・モホロビッチが発見したことから、モホロビッチ不連続面（通称モホ面）といいます。

では、ここでどういう岩石からどういう岩石に変わっているのか、ということは地震波だけを見ていたのではわかりません。ただモホ面に関しては、「隆起《りゅうき》」して地表に露出している場所があるので、そういうところにいけば、地殻とマントルの境界ってこうなっているんだということを実際に見ることができます。日本では前述の日高山脈が有名です。

そんなふうに岩体として地表で見られるのは、深さ100キロくらいまでです。もともと深さ100キロにあった岩石が、隆起して地表に現れているというところは何か所かあります。

もっとも岩体ではなく石ころであれば、もっと深いところでできたものも手に入ります。たとえばダイヤモンドは、深さ150キロよりも深いところでしかできません。ダイヤモンドができるには、それだけ高い圧力が必要だからです。ダイヤモンド鉱山は、岩体ではなくダイヤモンドを含んだ石ころがさらに深いところから運ばれてきている、というところなのです（口絵図C）。

モホ面の下には、深さ410キロ、660キロ、さらに2600キロのところで不連続面が世界中で観測されています（図5）。マントルの中にもいくつかの境界面があるのです。したがって、マントルは卵の白身のように一様ではなく、いくつかの層に分かれていることがわかります。さらにその下、深さ2900キロの地点にも明らかな不連続面がありますが、これはマントルとコアの境界面です。コアについては、このあとお話しします。

ちなみに、地球のマントルが液状のマグマではなく固体であることは、この地震波の観測からもわかります（図4）。P波（縦波）は液体の中も伝わりますが、S波（横波）は液体や気体の中を伝わっていかないためです。もしもマントルがマグマで満ち満ちていたとすると、マントルを通ってくるS波（横波）はいっさいないということになります。しかし実際には、大きな揺れを起こすS波（主要動）が観測されます。それで、マントルは固体であるということがわかるのです。

地震波の観測で、不連続面があること、そしてその深さがわかりました（図5）。こうした地震学がもたらしてくれる情報はとても有用です。有用ではあるけれども、P波とS波の速度でしかありません。それだけの情報から、「実際にどういう岩石があるのか」を導き出すことはできません。秒速○秒で地震波が伝わる物質といっても、いくらでも候補があるからです。

実際にその不連続面で何が起こっているのか。どんな物質からどんな物質に変化しているのか。それを明らかにする方法が、高圧高温実験です。

地下410キロの不連続面を実験室で再現する

地殻のすぐ下、つまりモホ面の直下はカンラン岩であることは前述しましたが、このカンラン岩をさらに掘りすすんでいくと、深度410キロの地点で不連続面に遭遇するはずです。この不連続面で何が起こっているのか、それを知るためには、それと同じ環境を高圧高温実験で人工的につくってみればよいわけです。

深さ410キロでは、15万気圧になることが計算上わかります。そこで、マントルの主要鉱物カンラン石に実際に15万気圧の圧力をかけてみれば、深さ410キロ地点で何が起こっているのか、再現できるはずです。このテーマに世界中の地球科学者が競い合って挑戦し、1960年代末、ようやく15万気圧達成。その結果、オリーブグリーンのカンラン石が、深緑色のウォズリアイトという鉱物に変化することがわかりました。深さ410キロを境に、カンラン石のオリーブグリーンの世界からウォズリアイトの深緑色の世界へ変化することが突き止められたのです（口絵図C）。

ところで、圧力や温度によって物質が変化する、とはどういうことでしょうか。

それは構成する元素がまったく同じでも、結合の仕方が変わることによって、物質の状態（相）が変わる、ということです。これを相転移《そうてんい》といいます。身近な例でいえば、水が高温で水蒸気になったり、低温で氷になったりすることも相転移です。グラファイトに高圧をかけるとダイヤモンドに変わる、ということも前述しましたが、これも典型的な相転移です。ダイヤモンドもグラファイトも、同じ元素（C：炭素）からできている同素体ですが、元素同士の結合の仕方が異なります。その結果、まったく性質の異なる物質に変化するのです。

マントルを構成する物質が、深さ（＝圧力・温度）によって不連続的に変化するのは、基本的は相転移であると考えられるので、あとは実験によって、その環境（圧力・温度）を再現することができれば、それがどんな物質なのか明らかになります。

そこでウォズリアイトにさらに圧力をかけていくと、18万気圧でさらに別の鉱物に相転移することがわかりました。これはリングウッダイトと呼ばれる鉱物で、鮮やかな紫色をしています（口絵図C）。オリーブグリーン、深緑色、さらには紫色へと、マントルを構成する岩石が変化してきたことになります。

この18万気圧という環境は、深さでいえば520キロになります。じつは、この520

キロという地点では地震波速度の不連続面は現れていません。これは、ウォズリアイトとリングウッダイトの結晶構造にそれほど差がないこと、相転移が起こる深さに幅があり明確な不連続面をつくらないこと、すぐ下の深度660キロでより大きな不連続面があること、などの理由で地震波の観測結果に表れにくいためと考えられています。

地震波の観測だけでは、当初この変化は予想していませんでした。地震学でわからなかったことが、高圧高温実験で明らかになったケースです。

マントル内の境となる地下660キロの不連続面

ウォズリアイト、リングウッダイトの層から、さらに掘りすすんでいくと、今度は深さ660キロの不連続面に到達します。この深さでは、圧力は24万気圧に達します。この頃には、次の高圧環境を誰が最初に実現するかという、開発競争のようになっていきます。そして1974年に、24万気圧以上でリングウッダイトがまた別の鉱物に変化することがわかりました。それが後に、ブリッジマナイトと名付けられる鉱物です（口絵図C）。

じつは、このリングウッダイトからブリッジマナイトへの変化は、それまでの相転移とは少し異なります。

マントルを構成する鉱物は、主にマグネシウム（Mg）、ケイ素（Si）、酸素（O）でできています。少し難しい話になりますが、カンラン石、ウォズリアイト、リングウッダイトの化学式は三つともMg_2SiO_4です。マグネシウム（Mg）2個、ケイ素（Si）1個、酸素（O）4個が結合しています。ところが、この圧力になると、高圧すぎてこの結合を維持できなくなってしまいます。そして、$MgSiO_3$とMgOに分かれることがわかったのです。$MgSiO_3$は先ほど述べたブリッジマナイト。MgOのほうはペリクレース（鉄も含まれているとフェロペリクレース）と呼ばれます。

つまり、この深さ660キロの不連続面よりも浅いマントル内では、主要鉱物は基本的にカンラン石の相転移によって変化し、色も、オリーブグリーン、深緑、紫と比較的きれいな色をしています。ここより下は、化学式も異なり、色も薄い茶色でどことなく地味なものになります（口絵図C）。

マントルはいくつかの層になっていると前述しましたが、この深さ660キロの不連続面を境に大きく上部マントルと下部マントルとに区別します。上部マントルと下部マントルでは、主要鉱物がきれい・地味という違いだけでなく、下部マントルは硬い・密度が大きいという違いもあります。

ところで、上部マントルの主要鉱物であるカンラン石は、地表に露出していて簡単に見ることができるといいましたが、他の鉱物はどうでしょうか。ウォズリアイト、リングウッダイト、ブリッジマナイトなどの鉱物は地中深くに眠っていて人類は目にしたことがないかというと、そうではありません。カンラン石のように自然界にごろごろしているわけではありませんが、人類が実験室以外でこれらの鉱物を手に入れる方法はふたつあります。

ひとつはダイヤモンド中の包有物《ほうゆうぶつ》として。ダイヤモンドは、地下の深いところでつくられて、マグマの上昇によって地表近くまで運ばれてきます。それがダイヤモンド鉱山となって、採掘されるわけです。

通常は深さ150~200キロのあたりですが、例外的にさらに深いところでつくられるものもあります。その際に、周囲にある鉱物を取り込んでしまうことがあるのです。宝石としてみれば、そうした包有物は〝ゴミ〟ですから、ダイヤモンドとしての価値は下がります。しかし、地球の内部を知るうえでは貴重な試料であるということです。地球科学者の中には、このような包有物ばかりを研究している人もいて、鉱山から包有物が入ったダイヤモンドを譲ってもらって研究に使っています。

もうひとつは、隕石です。隕石は、地球ができるときと同じように、小天体同士の衝突を繰り返し経験しています。そのときに、大きな衝撃が加わり、瞬間的に高圧・高温の状態になります。このときに、地球では地下深いところの特殊な環境でしかできないような鉱物ができることがあるのです。

ウォズリアイト、リングウッダイト、ブリッジマナイトなど、マントル奥深くの鉱物を、人類が自然界で目にできるのはこの2パターンしかありません。あとは実験室でつくられたものです。巻頭に載せた写真（口絵図C）はいずれも実験室でつくられたもので、直径1ミリメートル程度の大きさです。

ちなみに、アメリカのアリゾナ州に、メテオ・クレーターという巨大な隕石が落下した跡があります。直径約1・2キロ、深さ200メートルの噴火口のような巨大な穴で、ここを調査すると、地球では地下深くにしか存在しない鉱物を発見することができます。隕石が落下した瞬間、高圧・高温状態となり、衝突をうけた物質が相転移したと考えられます。実際に〝謎の〟巨大な穴のようなものが見つかると、隕石の穴なのか、それともただの窪地《くぼち》なのかと話題になることがありますが、そのときに、高圧鉱物の有無で真相を判定できます。ほんとうに隕石孔であると主張するためには、高圧鉱物を証拠として出さないといけないのです。

先ほど、モホ面の他に深さ410キロ、660キロ、2600キロの地点に地震波速度の不連続面があるといいましたが、最後の2600キロの不連続面は、ブリッジマナイトが発見された1970年代にはまだ発見されていませんでした（図5）。この不連続面が発見されたのは、1983年のことでした。そこからまた開発競争が始まったわけです。

諸説あった2600キロの不連続面の世界

1990年代の後半、私はこの深さ2600キロ、気圧にして120万気圧の地点で何が起こっているのか、どうしても知りたいと思っていました。

私はもともと地質学の出身です。地質学では実際に岩石が手に入らない地球の深部は守備範囲外です。〝手に入る〟というのは深さにしておおよそ約100キロ。このあたりまでが、地質学の領域です。地質学出身の私が深さ2600キロの不連続面に興味を持ったのは、以下の理由で重要そうだと思ったからです。

地球は、大気海洋圏・岩石圏（地殻とマントル）・金属圏（コア）の3つに大別できます。

地球とは、この3つそれぞれが互いに相互作用し合う、ひとつのシステムです。地質学の守備範囲である地球表層の100キロは、大気海洋圏と岩石圏が、物質や熱のやりとりをする、とても大事な部分です。一方、深さ2600キロはマントル最深部にあたります。そこは、岩石圏と金属圏のやりとりがおこなわれる、地球表層と並んでとても重要な境界部なのです。

それで、これまでやったことのない圧力領域だけど、思い切ってやってみようと思いました。深さ2600キロ、地震学的にそこに不連続面があることは明らかなのですが、それが果たして410キロや660キロの不連続面と同じメカニズムでできたものなのかどうか、それが問題でした。もうゴールは決まっていて、15万気圧、20万気圧、24万気圧ときたものを120万気圧まで上げていけばいいわけです。でも、そこで何が起こっているのかは、まだ誰もわかっていませんでした。

410キロや660キロの不連続面で起こっていたことは相転移という変化で、岩石自体の化学組成が変わるわけではなく、いわば原子レベルまですりつぶしてしまえば一緒です。その意味では、上部マントルも下部マントルも同じで変わりはないわけです。

ところが、この2600キロの不連続面だけは、いろいろな説がありました。

図6：深さと温度の関係

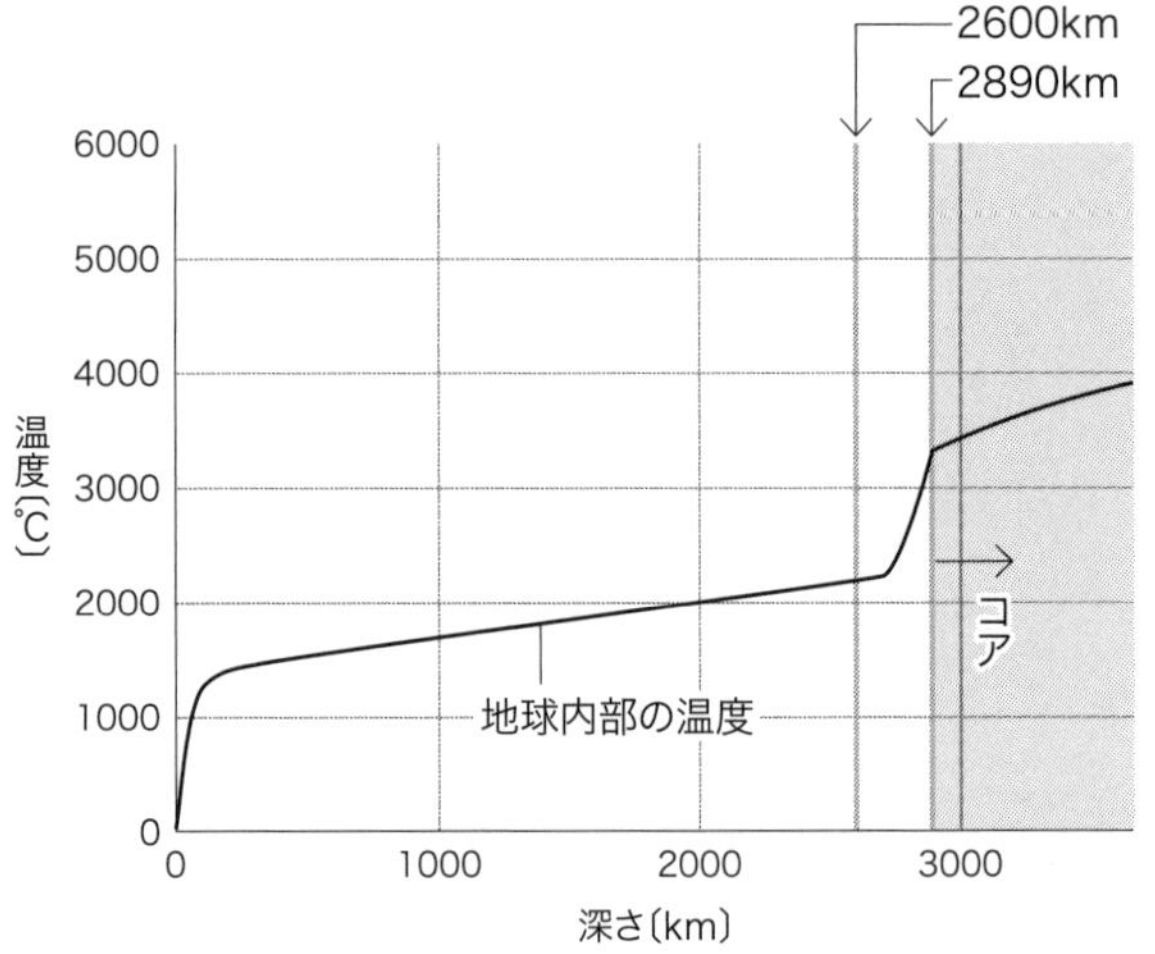

その約３００キロ下（深さ２８９０キロ）には高温のコアがあるので、その熱が伝わってマントルの底の部分では高温になっているのではないか、そのためちょうど２６００キロの時点で急激な温度差ができて、地震波の伝わり方が変わってしまっているのではないか、という熱境界層説（図６）。

あるいは、あとで述べますが、コアは基本的に鉄でできています。マントルの底部は、その鉄をコアから吸い上げて組成が変わってしまっているのではないか。それで、地震波の伝わり方が異なるのではないか、という鉄分豊富説。当時の英語の地学辞典には、化学組成が異なる領域と書かれていました。

しかし、ここもやはり相転移であろうとい

う人たちも中にはいて、私自身もそう考えていました。いくらコアに近いといってもマントルの中に鉄が染み込んでくる、しかも300キロも上がってくるとは考えにくかったからです。

しかし、相転移であるというのも、当時はまったく根拠のない話でした。というのも、下部マントルを構成するブリッジマナイトはすでにかなりコンパクトな（原子がぎっしり詰まった）結晶構造を持っています。すでに隙間のないような状態で、さらにそれ以上コンパクトな構造に相転移するのは難しいと考えられていたからです。

いずれにせよ、実際にどうなっているのか、実験で確かめてみるまでは決着はつきません。そこで、私が注目したのがダイヤモンド・アンビル・セルという実験装置でした（口絵図D）。

ダイヤモンド・アンビル・セルでの挑戦

ダイヤモンド・アンビル・セルは、最初にブリッジマナイトへの相転移を発見する際に活躍して注目されていた高圧発生装置です。

高圧発生装置にもいくつか種類があります。普通の部屋の天井ぐらいの高さのある、油圧式のマルチアンビル装置も広く用いられてきました。この装置は1960〜70年代に、日本でさまざまな改良が進み、現在も活躍しています。

一方、ダイヤモンド・アンビル・セルとは、山形に尖らせたダイヤモンドをふたつ突き合わせて、その間に試料を挟んで力を加えていくという仕組みの、手のひらサイズの装置です（口絵図D）。

もう少し詳しくいうと、ダイヤモンドを山形にカットして先端を平らにします。高さ約2ミリの富士山のような形です。この富士山形ダイヤモンドふたつの先端を合わせて、その間に試料を挟んで圧力をかけていきます。圧力のかけ方は、六角レンチで締め上げていくというシンプルな仕組みです。

1996年、このダイヤモンド・アンビル・セルの技術を学ぶために、私はアメリカに渡りました。当時、この方式の高圧実験をおこなっていたチームは日本には数えるほどしかありませんでした。もっとも世界でも、地球科学分野では限られたグループがおこなっていたにすぎませんでしたが、私が滞在したカーネギー地球物理学実験施設（現カーネギー地球惑星実験施設）が、この分野のトップといっていい存在でした。

渡米前の目標は、深さ2600キロに相当する120万気圧の発生でしたが、私が滞在していた1年半の間に達成できたのは64万気圧まででした。深さ2600キロでブリッジマナイトが相転移するかどうかを確かめることはできませんでしたが、それでも64万気圧までおこなった融解実験の結果は『ネイチャー』誌に掲載されました。

その融解実験とは、高圧下で融ける温度を調べる実験でした。ダイヤモンド・アンビル・セルの良いところは、ダイヤモンドは透明なので、高圧下にある試料が目で見えるということです。試料がいまどのような状態なのか、確認しながら実験ができるのです。温度を少しずつ上げながら、目で見て融けたことを確認するという、おおらかな実験でした。

当時、ダイヤモンド・アンビル・セルを使った高圧高温実験で調べることが可能なことは限られていました。高圧高温になる試料の大きさが、たかだか直径数十ミクロン、高さ10ミクロンにすぎないため、その小さい領域がどうなったのかを調べるのが当時の技術では難しかったのです。そのため、目で判断できる融解実験が活発におこなわれていました。

そして1998年に帰国すると、自ら高圧実験室を立ち上げ、ダイヤモンド・アンビル・セルによる高圧実験を続けました。そして4年後の2002年、ブリッジマナイトを120万気圧まで加圧して加熱すると、もくろみどおり、相転移することが確かめられました。

ブリッジマナイトの結晶構造が「ペロフスカイト」という3次元的に等方な（サイコロのような）構造であるのに対し、変化した結晶は、SiO_6が並ぶ層とMgが並ぶ層が交互に重なる、ミルフィーユ状の構造をしています。そのため、電気や熱を伝えやすいという特徴があります。私たちはこの結晶を、ポストペロフスカイトと名付けることにしました。ポストとは、「あと」という意味です。

ブリッジマナイトの発見以来、ちょうど30年ぶりに、新しいマントルの主要鉱物が明らかになったわけです。この発見は、２００４年に論文として『サイエンス』誌の表紙をかざりました。

小さな器機で地下深部を再現する仕組み

ダイヤモンド・アンビル・セル装置について、もう少し詳しくご説明しましょう。装置そのものは、ポケットに入るくらいの小さなものです。あまり小さいので、何か別の大きな機械のようなものに取り付けて使うのだろうと思われるようですが、これだけです。ダイヤモンドも横幅3・5ミリ程度のものです（口絵図D）。

富士山形の頂上の平らな部分が圧力をかける部分ですが、この面積が小さいほど、大きな圧力をかけることができます。圧力を一点に集中させるのは、ハイヒールの原理と似たようなものです。

しかし、面積を小さくするほど、こんどは試料が小さくなってしまいます。でも、小さくしなければ圧力は上がっていかない。いま、私たちが使っているダイヤモンドの中で、試料がもっとも大きい（つまり圧力がかけにくい）仕様のもので、直径は約100ミクロン（0・1ミリ）です。当然肉眼では見えないので、実体顕微鏡という装置を覗《のぞ》きながらすべての作業をすることになります。ここ20年ほどでナノテクの技術が進化し、試料が小さいということはそれほど致命的なデメリットではなくなってきています。

ダイヤモンドは、天然のものを使用しています。ダイヤモンドは人類が知る限りこの世でいちばん硬い物質だからです。しかし、およそ80万気圧以上の実験を繰り返すと、少しずつ割れてしまいます。試料を挟むふたつのダイヤモンドの先端がピタッと合うことがとても重要です。そのため、ダイヤモンドを高い精度で富士山形に磨いてもらう必要があります。削ってくれるのは横浜市鶴見区の小さな工場の職人さんです。地球の最深部まで実験室でつくり出す装置の性能は、職人さんの腕にかかっているというわけです。

このダイヤモンド・アンビル・セルで高圧をかけただけでは地球の深部と同じ状態を実現したことにはなりません。私たちは「火を入れる」と現場ではいっていますが、加熱して高温にする必要があります。加熱には、レーザー照射を使います。

私たちのチームでは、可視光《かしこう》と波長があまり変わらない近赤外線のレーザーを使います。可視光と波長がほぼ等しいということは、肉眼で色がついていないものは、そのまま素通りしてくれる、ということです。つまり、無色透明のダイヤモンドを使えば、ダイヤモンドを透過してレーザーを試料に当てることができ、超高圧のまま超高温を実現することができます。

いまは昔に比べてレーザー技術が格段に進化しているので、地球の中心に相当する超高圧・超高温（３６４万気圧・約５０００℃）以上まで実験室でつくり出すことが可能です。

高圧をかけた物質をどう調べるのか？

超高圧・超高温を発生するだけでは研究になりません。試料にどういう変化が生じたか、それを調べる必要があります。

Aという結晶から、Bという結晶に変化する。そうすると、Bという新しい結晶は、Aと何が、どのくらい違うのか、それを調べることが大事です。高圧実験でできた結晶Bを実際に調べていくしかありません。そうやって初めて、地球深部の新しい結晶のことが明らかになって新しい扉が開く、というのが私たちのおこなっている研究です。

結晶構造を調べるには、X線回折分析をおこないます。この分析は鉱物学にはなくてはならないもので、鉱物を同定する際などに伝統的によく使われます。X線の波長が、原子が並んでいる間隔とほぼ等しいので、原子の配列を調べるにはX線を当てるのがベストな方法なのです。

ところが、私たちの高圧実験の試料は小さいので、強いX線を照射しなければデータが得られません。そこで、放射光X線という強力なX線を使います。幸い日本には、世界最高性能の放射光X線を生み出すことができる「SPring-8（スプリングエイト）」という大型放射光施設があります。

その仕組みを簡単に説明しましょう。兵庫県の山中にあるSPring-8では、直径約1500メートルの巨大なリング中を電子が光速に近いスピードで回っています。この電子の流れを磁石によって少しずつ角度を変える際に、接線方向に強い光を出します。これを放射光といいます。この放射光の中からX線だけを切り出すと、強力なX線を得ることができます。この放射光X線であれば、ダイヤモンド・アンビル・セル中で高圧下にある小さな試料でも、相転移を確認できます。

このSPring-8が一般に開放されたのが、ちょうど私がアメリカから帰国した前の年の1997年。私にとっては、ちょうどよいタイミングでした、

ところで、このポストペロフスカイトを高圧発生装置から回収することはできません。120万気圧以上という超高圧環境下でできたこの結晶は、減圧すると結晶構造が崩れてしまうので、高圧装置から取り出したときにはすでにポストペロフスカイトではないのです。ですから、どういう色をしているのかもまだよくわかっていません。口絵にも出せなかったわけです。

しかし、この高圧装置の、ダイヤモンドの先端のわずか100ミクロンの領域、さらにいえばレーザーが当たっている20ミクロン程度の領域を詳細に見ていくことで、人類がいまだ到達できない地球の内部がどうなっているのかがわかってくる、ということなのです。

3——「プレート」と「マントル対流」活動する地球の仕組み

プレートとは何か？

地球を掘っていくと、土の下は岩石の層（地殻）、その下は上部マントル、さらにその下は下部マントル。いま、マントルの底までできました。じつはここまでで、大事な話をひとつ、していません。プレートテクトニクスです。

地球の表面は〝プレート〟で覆《おお》われています。実際、地震が起こるたびに「太平洋プレートが日本列島の下に沈み込んでいて、そのときに蓄積されたひずみが解放されるときに地震が発生するのだ」という解説を、何度か聞いたことがあるでしょう。

この「プレート」とは、どのようなものなのでしょうか。地球の表面がプレートなら、プレートとは地殻のことなのでしょうか。答えは、イエスでありノーでもあります。たしかに地殻はプレートの一部として含まれますが、地殻とプレートはまったく別の概念です。

地殻とは、前述したとおり、マントルが融けて、マグマとなり、それが地表に出て固まったものです。花崗岩《かこうがん》や玄武岩《げんぶがん》でできていて、その下にあるカンラン岩のマントルとは、岩石の種類が違います。地殻とマントルの違いは、構成する物質の違いです。

一方、プレートとは、その名のとおり〝硬い板〟のことです。どんな岩石でできているかは関係なく、地球表面の硬く板状になった部分をプレートと呼びます。石の種類も化学的な性質もいっさい問わず、硬いかやわらかいかという力学的性質で、プレートとそうでない部分は区別されるのです。

具体的には、プレートは地殻とその下のマントルの一部を含んでいます。マントルは、地下深くなるにしたがって高温になります。マグマのように融けてはいませんが、後述するように年に数センチメートル程度の超ゆっくりとしたペースで流動するくらいには〝やわらかい〟状態で地球の中にあります。しかし、地殻のすぐ下の浅い部分は、冷やされて硬くなっています。それが地殻とともにプレート（硬い板）となっているのです。

大陸プレートと海洋プレートの違いとは

地球の表面は、十数枚のプレートに覆われています。

世界地図に、発生した地震の震源をマッピングしていくと、大部分が線状に連なっていることがわかるでしょう（図7）。これがプレート同士の境界です。各プレートは、それ

図7：世界の地震分布とプレート

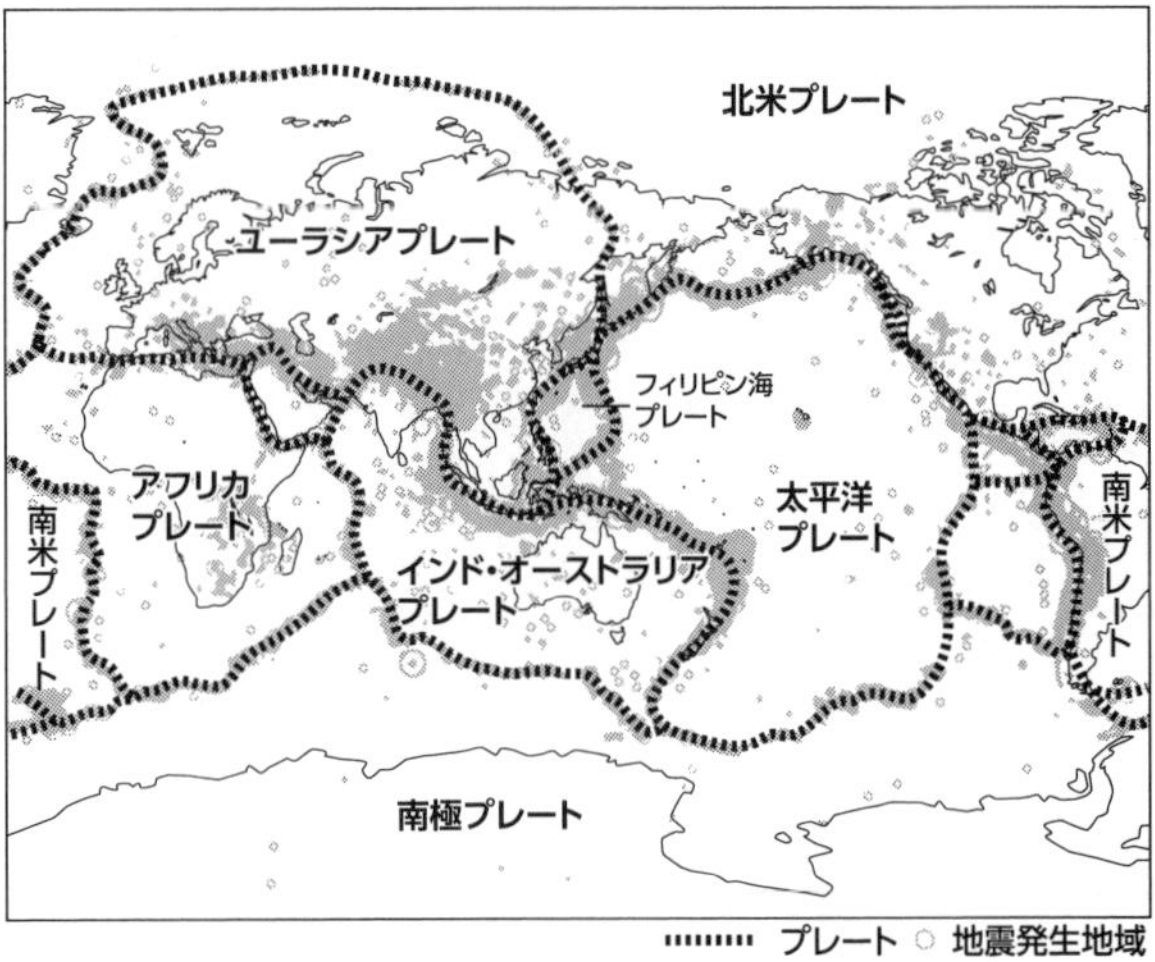

米国地質調査所のデータをもとに気象庁が作成した図を一部改変

図8：ぶつかり合う大陸と海洋のプレート

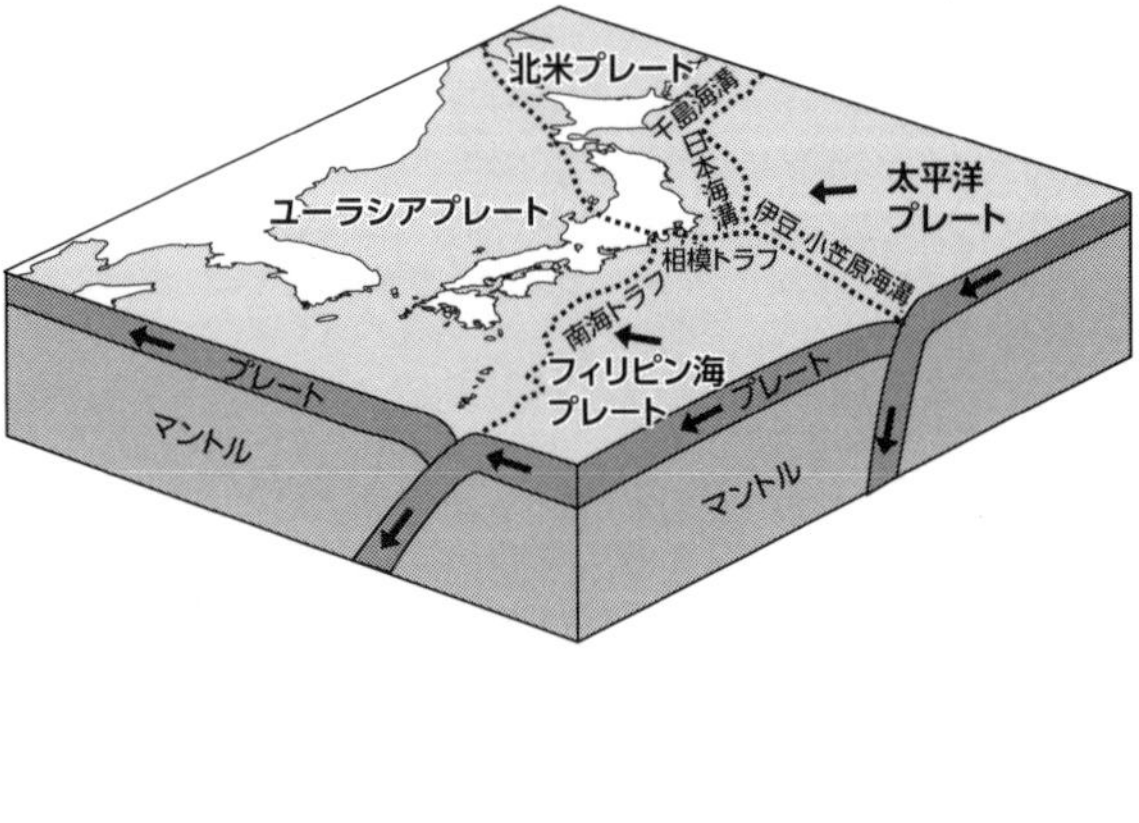

ぞれが別の方向に異なるスピードで動いています。プレート同士が衝突する境界では、沈み込みが起こり、地震が発生する、というのが地震発生のメカニズムです（図8）。地震だけでなく火山活動も、後述するようにこのプレートの境界線と密接な関係があります。

プレートには、大きく分けて大陸プレートと海洋プレートがあり、その動き方も速度も異なります（口絵図B）。

まず、大陸プレートの話をしましょう。大陸プレートの移動速度は、海洋プレートよりも遅く、年間数センチメートル以下程度です。

現在、世界に7つの大陸が存在していますが、いまから2億5000万年前には、大きなひとつの大陸でした（図9）。これはパンゲア大陸と呼ばれます。それが分裂して、それぞれが少しずつ移動することで、現在のような配置になったと考えられています。大陸移動説については、あとでもう少し詳しくお話ししましょう。

現在も大陸は少しずつ動いていて、数億年後にはまたひとつの大きな〝超大陸〟ができるはずです。

なぜ、大陸が動いているかというと、たとえば大西洋は少しずつ拡大しています。毎年2〜3センチずつ、ヨーロッパとアメリカは遠ざかっていることになります。大陸が分裂

図9：2億5000万年前のパンゲア大陸

したのが2億5000万年前なので、大西洋も2億5000万年前にでき始め、いまも拡大を続けているのです。

大西洋が拡大すれば、その分どこかの海が縮小しているはずです。海全体の面積が増えることはできないからです。それが太平洋です。アメリカ大陸が移動することで、太平洋は少しずつ小さくなっています。小さくなっているといっても年間数センチですから、広大な太平洋にしてみればたいしたことはない話でしょう。それでも、何億年というタイムスケールで着々と移動していけば、いずれアメリカ大陸はアジアに衝突して、太平洋はなくなります。大西洋は世界で唯一の海になるでしょう。一方で、オーストラリア大陸も北に向かって移動しているので、こちらもいずれアジアにぶつかります。

そうなれば、離散していたすべての大陸がまた集合して、ひとつの大きな超大陸になるでしょう。ただし、それには5億年程度の時間が必要です。それは、移動するスピードが海洋プレートよりもずっと遅いからです。

プレートはなぜ動くのか？

なぜ、大陸プレートは海洋プレートより遅いのか。それは、大陸プレートが〝自分では〟動いていないからです。〝自分で〟動いているのは海洋プレートだけで、大陸プレートは自ら能動的に動いているわけではありません。たとえば、プールに浮かんだ浮き輪を想像していただけばわかるように、その動きは浮いている水の動きによって決まります。その意味では、海洋プレートの動きが大陸プレートの行き先を決めているといってもいいでしょう。太西洋は拡大していると前述しましたが、アメリカ大陸が自ら動いているわけではなく、大西洋の海洋プレートに押されることで西に移動しているのです。

大陸プレートは、海洋プレートによって動かされている。ということは、プレート運動の鍵をにぎっているのは、海洋プレートということになります。

では、海洋プレートを動かしている力はなんなのか。それを説明するために、大西洋からこんどは太平洋に移動しましょう。

太平洋の東側に、中央海嶺《かいれい》という海底火山列があります（口絵図B）。中央海嶺からはつねにマグマが湧き出していて、プレートを生成し続けています。太平洋プレートは、この中央海嶺でつくられ、約1億年をかけて太平洋を東から西に移動し、西側の海溝で沈み込みます。先ほどの地震の分布図（60ページ、図7）を見ると、太平洋の周りは震源の帯で囲まれています。これらの地震は、海洋プレートの沈み込みによるものです。

海洋プレートの駆動力はどこから生まれる？

この太平洋プレートがなぜ移動しているのか。プレートを動かしている力はなんなのか。プレートはその下にあるマントルの対流に乗って動いているわけではありません。太平洋の周りに沈み込む海洋プレートは、自身が沈み込む力で動いているのです。

中央海嶺で発生した太平洋プレートは、1億年かけて移動するとお話ししました。その間、プレートは海水によって絶えず冷やされ、プレートの下にあったマントルの温度も次第に下がっていきます。冷えたマントルは硬くなるので、そのままプレートの下部に組み込まれます。そのようにして、プレートは次第に厚くなっていきます。

特に、日本までやってくる太平洋プレートは、1億年かけて海の底で冷やされているわけですから、十分に冷えています。その間、移動しながら冷えたマントルを徐々に取り込んでいるので、80キロメートル程度の厚みになっています。

冷やされると岩石が収縮するので、その分、密度が大きくなります。重くなるということです。十分に冷やされた厚みのあるプレートが地球の内部へ沈み込むと、それが「おもし」となって、まだ海底下にあるプレートを引っ張ります。これが海洋プレートを動かしている、いちばん大きな力です。

中央海嶺の活動の仕組みとは

海洋プレートは中央海嶺でできて、地表（海底）を移動し、沈み込み帯で沈み込みます。プレートを動かしているのが、自らの重さで沈み込む力だとすると、中央海嶺で次々とプレートができ続けていることは、どう説明できるのでしょう。

じつは、中央海嶺の火山活動は〝能動的〟なものではありません。特別に高温なマントルが中央海嶺の下にあって、マグマをつくっている、というわけではないのです。

後述しますが、火山の中には、〝能動的〟な火山もあります。たとえばハワイの火山がそうです。マントル深くに特別に高温な部分があって、それが自分の力で地上に湧き上がってくる。そのような高温異常のマントルがつくるマグマ活動がある場所を、「ホットスポット」といいます。

中央海嶺は、このような能動的な火山ではありません。受動的な火山といえるでしょう。それはどういうことかというと、海洋プレートの一方の端が沈み込むことで引っ張られて移動すると、もう一方の端に隙間《すきま》ができてしまいます。その隙間を埋めるようにして、下にあるマントルが上がってきます（口絵図B）。

中央海嶺は、プレートができているところ、プレート移動の起点になりますから、プレートが移動していってしまったら、何もなくなってしまいます。マントルの上にあるプレートが移動してしまえば、いわば〝かぶっていた蓋《ふた》がとれた〟状態です。その蓋がとれたところを補塡《ほてん》するように、下からマントルが上昇してくるわけです。

普通のマントルでも、冷やされることなく上昇してくると、深さ60キロあたりから融解が始まります。マントルの岩石が融解したものがマグマです。それが、中央海嶺で噴火しているのです。

簡単にいうなら、プレートを両側から引っ張られると割れ目ができます。それが中央海嶺です。ですから、中央海嶺はどこでもよかった、たまたま割れたところが中央海嶺になった、という言い方もできます。実際、中央海嶺は移動します。一度割れ目ができると、しばらくそこを使うことになりますが、もともとその場所でなくてはいけない理由があったわけではないので、移動することもできるのです。

整理すると、プレートの端が沈み込むことで、全体が引っ張られて移動し、割れ目ができ、それによって中央海嶺の火山活動が引き起こされている、ということです。

中央海嶺の火山活動は、能動的ではなく、受動的に引き起こされているのです。

プレートはどのようにしてできるのか？

では、なぜ割れ目ができると、火山活動が起こるのか。マントルは、カンラン岩と呼ばれる岩石でできていて、地球の中にはどこでもマグマが渦巻いているというわけではないことは、すでにお話ししました。プレートの蓋がなくなってマントルが上昇してくると、なぜマグマが生まれるのか。

まず、感覚的に理解していただきたいことは、プレートは冷たくて硬いのですが、その下のマントルはドロドロではないものの、融け始める温度近くの高温になっています。前述したハワイなどのホットスポットは例外として、プレートの下のマントルは融けてはいないけれども、融ける直前の状態にあります。

それがプレートの隙間から上昇してくると、圧力が下がることで、融解します。つまり融けてマグマをつくります。

この「圧力が下がると融解する」というところは、日常的な感覚では理解しにくいかもしれません。温度だけでなく、圧力も、融解を決める大きな要素のひとつです。温度が変わらなくても、物質は圧力を上げていくと固体になり、圧力を下げていくと液体になります。たとえば、水を室温のまま1万気圧まで加圧していくと氷になります。

プレートの移動によってできた割れ目を埋めるように、浅いところまで上昇してきたマントルが、圧力が下がったために融解し、マグマをつくる。そのマグマや融け残ったマントルが冷やされて、プレートになります。これが中央海嶺の火山活動の仕組み、つまり、プレートが生成される仕組みです。

プレート運動の鍵は海

プレートが自らの重みで沈み込み、その力でマントルからマグマを引き出しているのであれば、この循環は永久機関のように繰り返し続いていくことになります。実際、プレート運動はとてもロバスト（堅牢《けんろう》）なシステムで、おそらく40億年以上前に始まって以来、一度も止まることなく続いてきています。

一方、金星のように、プレートテクトニクスが始まっていない星もたくさんあります。金星にプレート運動がないのは、そもそも海がないからだということもできます。火星にはもともと海があったことは皆さんもご存じでしょう。火星にはプレート運動があったはずです。

海があることは、プレート運動に不可欠な要素となっています。海があるからプレートが冷やされ、重くなり、沈み込んでいくという循環が生まれるのですから、海がなければそもそもプレート運動が始まることはなかったはずです。

もっとも、地球のプレート運動がそもそものいちばん最初、いつ、どのように始まったのか、ということについては、いまだによくわかっていません。地球ができた頃、表面はドロドロに融けたマグマオーシャン（マグマの海）に覆われていたとされています。そのマグマオーシャンの表面が固まって岩石になると、大気の温度が急速に下がり、水蒸気が水となって海ができた、とされています。

海ができてからプレート運動が始まるまでにどれくらいの時間がかかったのか、謎とされているというわけです。プレート運動によって、初期の大気の主成分であった二酸化炭素が取り去られたと考えられています。そのような大気組成の変化もいつから始まったのかわかっていません。

プレートの沈み込みが火山をつくる

海洋プレートは、中央海嶺でのマグマ活動の産物という話でした。地球上のマグマ活動のおよそ7割が中央海嶺で起こっています。中央海嶺はほぼすべて海底にあるので、人類は噴火活動の７割を見ることができないということになります（図10）。

中央海嶺に次いで、火山活動が盛んなのが、プレートが地球内部へ沈み込む場所、沈み込み帯です（図10）。地球上のマグマ活動の約２割を占めます。

日本は典型的な沈み込み帯です。ご存じのように、日本には富士山や浅間山《あさまやま》のような大きな火山がたくさんあります。

沈み込み帯になぜ火山ができるのでしょう？　大陸プレートの下に沈み込んだ海洋プレートは、大量の水を含んでいます。この水が、大陸プレート側のマントルに染み出していくと、マントルが融け始める温度が下がってマグマができやすくなるのです。

マントル融解の温度と深さの関係のグラフ（図11）で説明するなら、マントルの融け始める温度を示す線（点線）が、水を含むことによって下に大きく下がります。すると、本来はマントルが融解しないはずの温度でも、融解が起こってマグマができる、という仕組みです。ホットスポットのように他の場所に比べて温度が高くなくても、水を含んだマントルはマグマをつくりやすいということです。

マグマができると、浅いところに移動します。マグマは、周囲の岩石よりも軽いので上に上がっていくわけです。しかし、地表近くまでくると、マグマの密度と周囲の密度が釣

図10：マグマが活動する場所

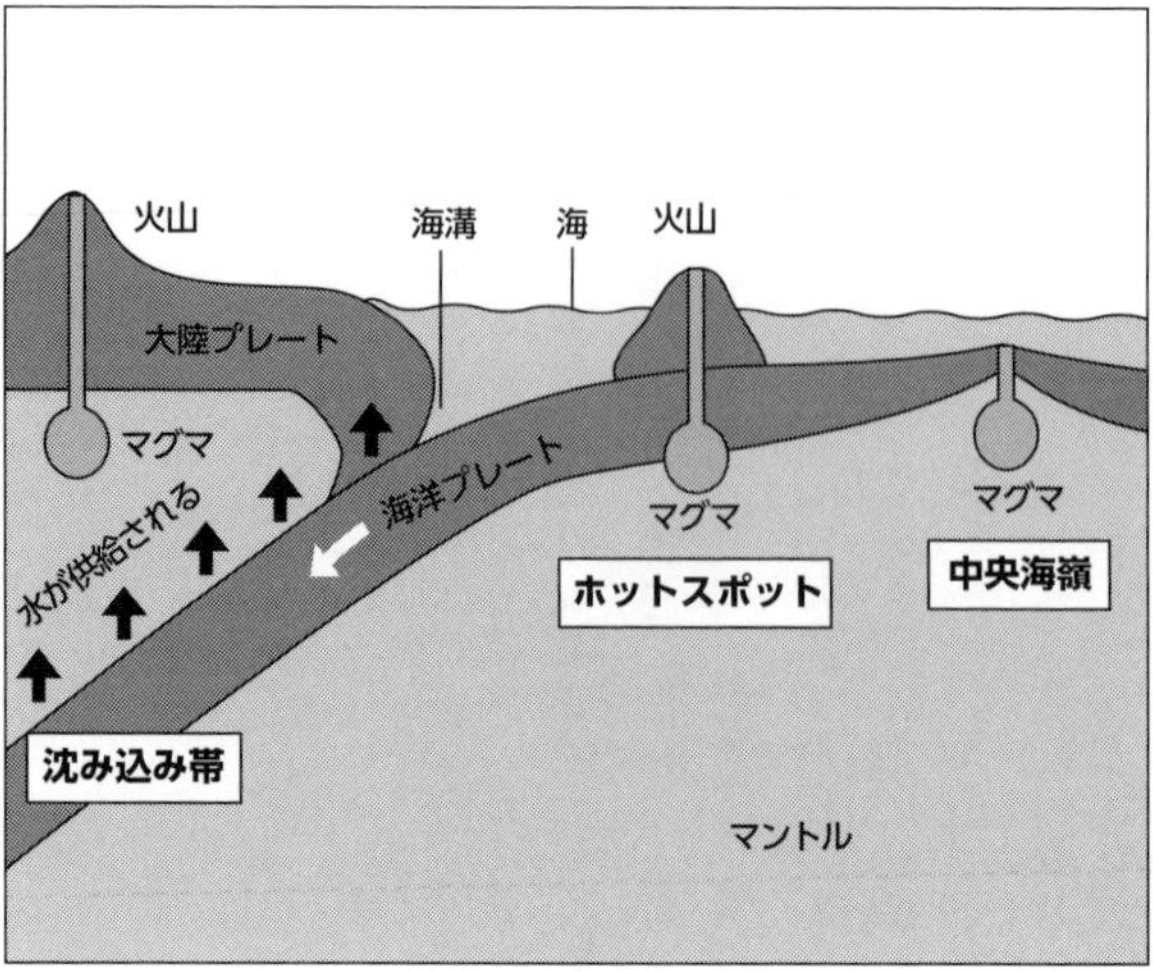

図11：マントル融解と深さと温度

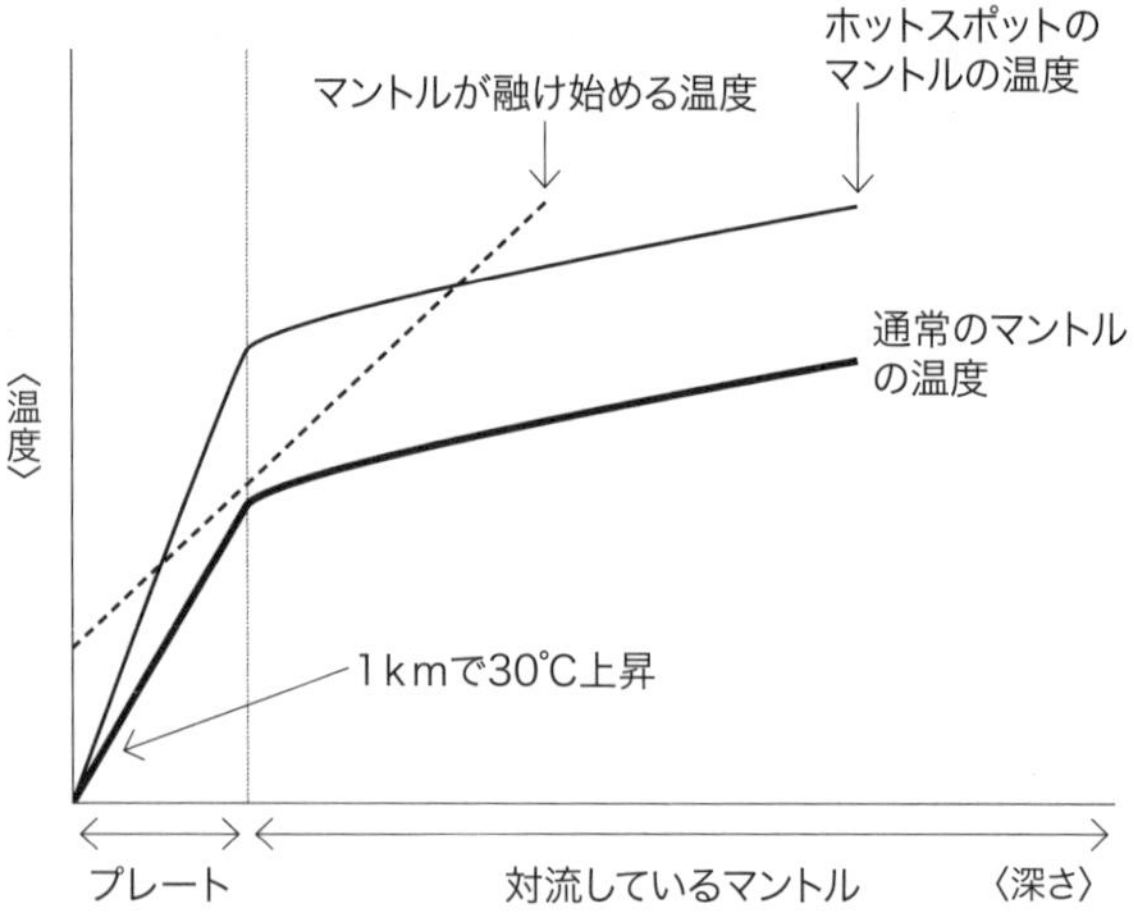

り合い、マグマの上昇が止まります。それがマグマだまりです。マグマだまりの深さは、火山によって異なります。たとえば、浅間山では深さ約5～10キロのところにあることがわかっています。富士山はもう少し深くて、20キロあたりとされています。

マグマだまりに溜まったマグマは、いわば噴火のために待機しているようなものですが、じつはほとんど（8割くらい）のマグマは、噴火せずにそこで終わります。マントルで発生したマグマが地表へ噴火するためには、もうひとつメカニズムが必要です。そのひとつが発泡《はっぽう》現象です。

ビール瓶《びん》をよく振って栓を抜くと、中身がパアッと勢いよく噴き出します。これは抜栓《ばっせん》して減圧することで、ビールの中に泡ができて、この泡が軽いのでパアッと噴き上がるわけです。このときの〝ビールと泡〟が〝マグマと水蒸気〟です。

沈み込み帯の火山では、マグマだまりにあるマグマには水がたっぷり溶け込んでいます。なんらかのきっかけで、マグマだまりの圧力が下がると、溶かすことができる水の量が少なくなります。すると一部は水蒸気のガスになります。ビールの中に泡ができ始めた状態です。水蒸気というガスを含んだマグマは軽くなるので、さらに上昇します。するとさらに圧力が下がって溶けていた水が水蒸気になり……というように、正のフィードバックがかかって加速度的に進行し、最後は一気に噴き上がって爆発する。これが噴火のメカニズムです。

よく浅間山などの活火山で、火山性微動が観測された、などと報道されることがありますが、これはこのような脱ガスやマグマの動きによるものです。

火山の110キロ地下に海溝がある謎

沈み込み帯の火山活動について、このような大まかな仕組みはわかっています。ただし、まだまだわからないことがたくさんあります。

たとえば、日本の火山の配置を見てみると、東北地方の奥羽《おうう》山脈には大きな火山がずらりと並んでいます。しかし、それより太平洋側には火山はひとつもありません。奥羽山脈の西側でも、火山の数は急激に減ります。鳥海山《ちょうかいさん》はよく知られていますが、それ以外に目立った火山はありません。つまり、日本列島でも火山がたくさん連なっている場所は決まっているのです。この、海溝からもっとも近い火山列を火山フロントといいます。浅間山も富士山も、日本の大きな火山は、ほぼすべてこの火山フロント上にあります。あるいは、

図12：火山フロントと海溝

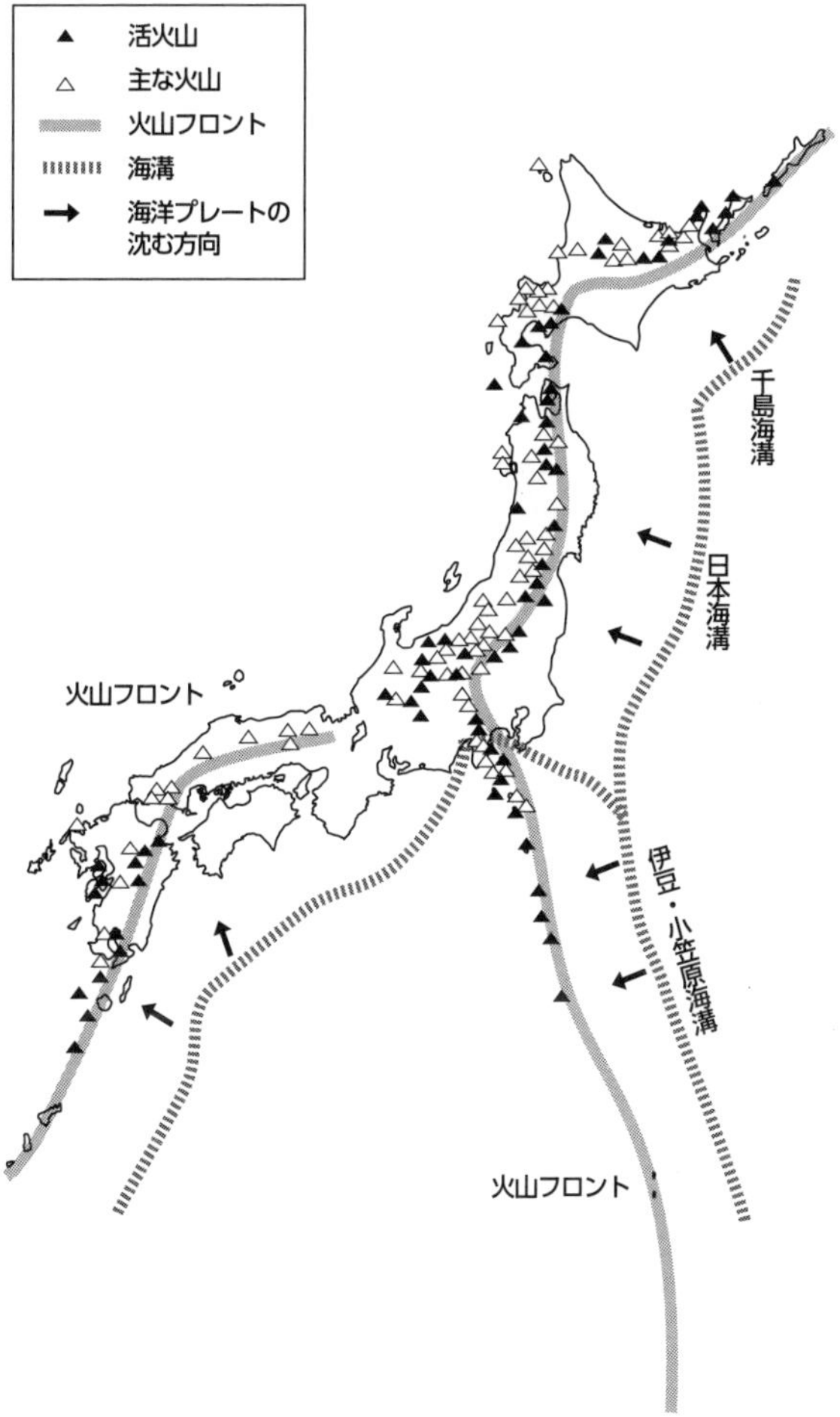

出典：国立研究開発法人防災科学技術研究所ウェブサイトの図を参考に作成

図13：火山フロントと海溝の位置関係

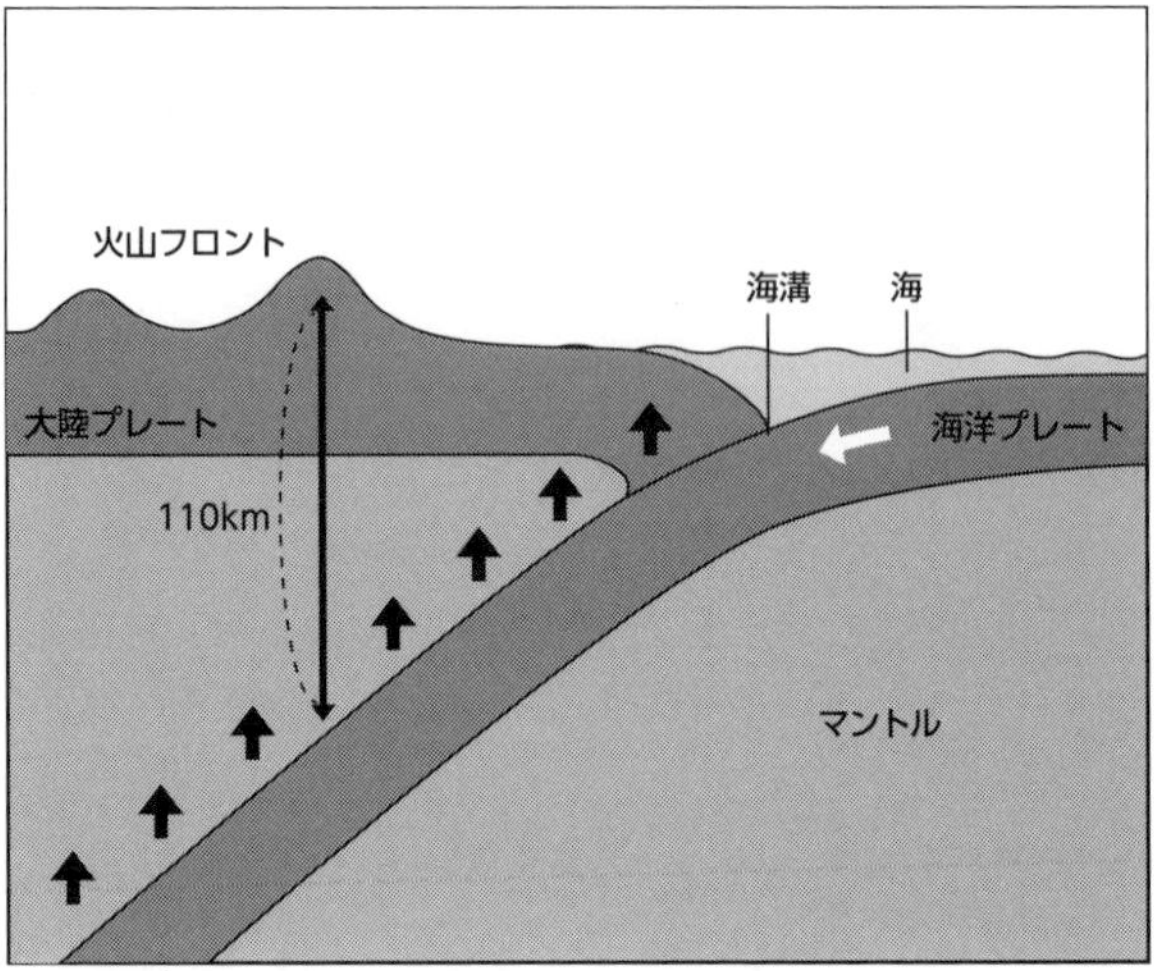

伊豆・小笠原諸島を見てください。島がほぼきれいに一直線に並んでいるのがわかります。それが火山フロントです（図12）。

基本的に、火山は火山フロントに集中しています。奥羽山脈から浅間山、浅間山から富士山、伊豆諸島へ、火山が一直線上に並んでいます。

この火山フロントのラインを地図上で見てみると、日本海溝、伊豆・小笠原海溝と平行であることがわかります。つまりひとつの海溝沿いには、海溝から火山フロントまでの距離が決まっているのです。

今度は火山フロントや海溝を横切る断面図をご覧ください（図13）。海溝とは、プレートが地球の内部へ沈み込みを始める場所にあたります。なぜ海溝の水深が深いか、よくわかりますね。ちなみに、世界でもっとも深いマリアナ海溝は、もっとも古い、すなわちもっとも長い間海水で冷やされた重たいプレートが沈み込んでいる場所です。さて、この火山フロントは、海洋プレートが深さ110キロまで沈み込んだ場所の上にあります。つまり、この火山フロントから垂直に掘っていくと、必ず110キロのところに海洋プレートがある。じつはこの数値は世界中どこにいってもほぼ同じです。

東北日本の下では、プレートの沈み込み角度は40度ですが、伊豆諸島の下はもう少し急角度です。急角度ほど深さ110キロに達するのがはやいので、伊豆・小笠原海溝から伊豆諸島までの水平距離は、日本海溝から奥羽山脈までの距離よりも短いというわけです。マリアナ海溝では、沈み込みの角度が約70度とさらに急なので、火山の位置はもう少し海溝の近くになります。

地下110キロでいったい何が起きているのか？

ではいったいこの地下110キロのところで何が起こっているのか、それがわかれば、火山ができる仕組みがもっと明確にわかるのですが、それがまだわかっていません。

マグマができる深さが110キロというわけではありません。海洋プレートは海水で冷えているので、沈み込まれる側のマントルも、海洋プレート直上では温度が低すぎて、マグマができないのです。

水を含んだ海洋プレートが沈み込むと、沈み込まれる側のマントルに水を供給します。地下110キロでも水を供給しているはずですが、そこだけで出しているわけではありません。海洋プレートは水を含むスポンジのようなもので、沈み込む（スポンジを握る）と水がどんどん出てきます（図13の海洋プレートの上の太矢印）。沈み込み開始直後は放出する水の量がもっとも多く、どんどん減っていきます。

それが、マグマをつくる要因になるわけですが、実際にマントルを融かしてマグマをつくるのは水がそのまま上に移動していった、もっと浅いところです。

しかし、火山フロントから海洋プレートまでの深さは世界中どこへいっても110キロと決まっている。これはいったいなぜなのか。海洋プレートが深さ110キロまで沈み込むと何が起きるのか。さまざまなメカニズムが提案されていますが、いまだにそれを明確に説明できないのです。

地球科学の面白いところはこのように、まだわかっていないことがたくさんあるというところです。

長い間ずっと解けていない問題は、正攻法ではまず難しいでしょう。考えられるようなことは、誰かがもうとっくに考えているはずです。私は高圧実験が専門ですから、深さ110キロとわかっているならすぐに4万気圧を出して実験してみたくなるのですが、そんなことはもう世界中の人がやっています。それでもはっきりとした答えが見つかっていない。きっとブレイクスルーはもっと別なところにあるはずです。もし誰かが答えを見つけたら、ビッグニュースになるでしょう。

ホットスポットはどうしてできるのか？

これまで、ふたつの火山活動についてお話ししてきました。中央海嶺と沈み込み帯の火山です。最後にもうひとつの火山活動、ホットスポットについてお話ししましょう。代表的なホットスポットには、ハワイ、タヒチ、イエローストーンなどがあります（図14）。ホットスポットのマグマ活動は、地球全体のおよそ1割です。

図14：世界の主なホットスポット

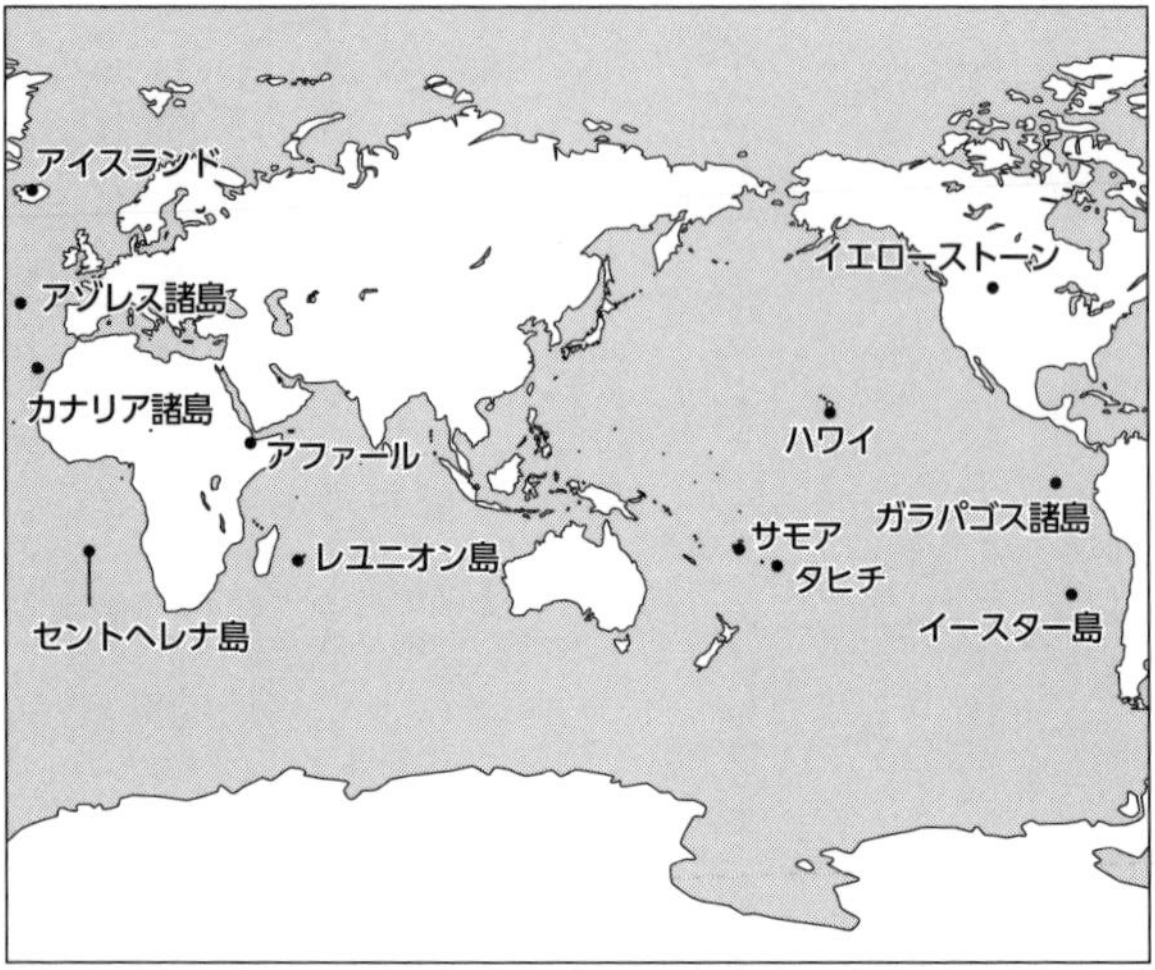

ホットスポットは、マントル中の高温の上昇流によってつくられます。中央海嶺や沈み込み帯と比べて、マントルが高い温度で融解したマグマが噴火しています。

そのような高温のマントルは、もともとマントルの底にあった岩石がコアによってあたためられたものと考えられています。ふくらんで軽くなってプレートの下まで上昇してきたのです。

高温のマントルの上昇流は、マントルの対流の一部です。マントルが対流しているといわれてもピンとこない方が多いでしょう。マントルは、対流しているといっても液体になっているわけではありません。固体のまま、つまり岩石のまま対流しています。固体ですから、あまり大きく動くことはできません。1年で数センチ程度移動します。マントルの深さは2900キロもあるので、底までたどり着くのに1億年くらいの時間がかかることになります。

対流するには、岩石がやわらかい必要があります。プレートの岩石は硬いので、プレート自体は変形せず、対流も起きていません。

一方、プレートの下にある岩石はもっと高温です。高温になると岩石はやわらかくなります。やわらかくなると岩石が変形しながら対流運動をするようになります。

とはいっても、1年に数センチ動くくらいですから、日常感覚で使う「やわらかい」とは少しニュアンスが異なるかもしれません。ただ、地表の環境では頑強な岩石であっても、地球内部のように高温になると容易に変形します。マントルの対流をイメージするためには、石もやわらかくなるということを理解しておいてください。

よく庭石などで縞《しま》模様のある岩石を見たことはないでしょうか。あれは変成岩といって、強い力を受けて石が変形していることを表しています。変形して、岩石が流動することであのような縞模様になります。

ホットスポットのマグマができる仕組み

ホットスポットをつくる高温のマントル上昇流がマグマをつくる仕組みについて、中央海嶺と比較しながらお話ししましょう。

まず、地球内部の温度と深さの関係は72ページの図11のようになります。地球を掘りすすんでいくと、プレートの内部では、深さにほぼ比例して温度がどんどん上昇していきます。浅いところの上昇率は、1キロメートルごとに約30℃です。

プレート部分を通り過ぎると、そこから下は、温度の上昇が急に緩やかになります。マントルが対流によってかき回されているからです。

一方、マントルの融解温度は、深さとともに高くなります。地中深くなるほど、圧力が上昇するので、より高い温度でないと融解しないことになります。このマントルが融解を始める温度を表す線（点線）を、実際の温度（ふたつの実線）が超えると、マントルが融解を始めてマグマをつくる、ということになります。しかし、火山がある場所は限られています。つまり、ほとんどの場所ではそういうことは起こりません。プレートによって覆われていない中央海嶺では、マントルの温度が途中で曲がらずに表層近くまで高温のままなので、太い実線が点線を超えて、マグマがつくられます。

一方ホットスポットは、中央海嶺と異なり、プレートの上に火山をつくります。プレートという蓋がかぶっているので、上昇流はプレートの下までしか上がってくることができません。つまり、途中で曲がるということです。しかしそれでも、ホットスポットのマントルは高温なので（細い実線）、やはり点線を超えて、マグマをつくるのです。

じつは、地球内部の温度を推定することは容易ではありません。その意味で、マントル物質の融解温度を特定することはとても大切です。私がアメリカにいったときに、ダイヤモンド・アンビル・セル装置で融解実験が盛んにおこなわれていたと2章でいいましたが、融解温度を正確に測定することは地球内部の状態を知るためにとても重要であることをご理解いただけたでしょうか。

マントル対流と相転移《そうてんい》の関係

2章で、マントルは相転移のために層構造をなしているとお話ししましたが、一方で、マントルは対流しているという話がでてきました。つまり、マントルの岩石は相転移しながら対流しているのです。対流によって、マントルの底の物質がプレートの下まで上がってくるのですが、その間に、何度も相転移しながら上がってくる、ということです。

じつは、この相転移が、対流運動にとても重要な役割を果たしています（図15）。

たとえば、地下４１０キロの相転移を見てみましょう。ここにはカンラン石とウォズリアイトの境界面があります。対流によって上昇してきたマントルの岩石中の主要鉱物ウォ

図15：相転移とマントル対流

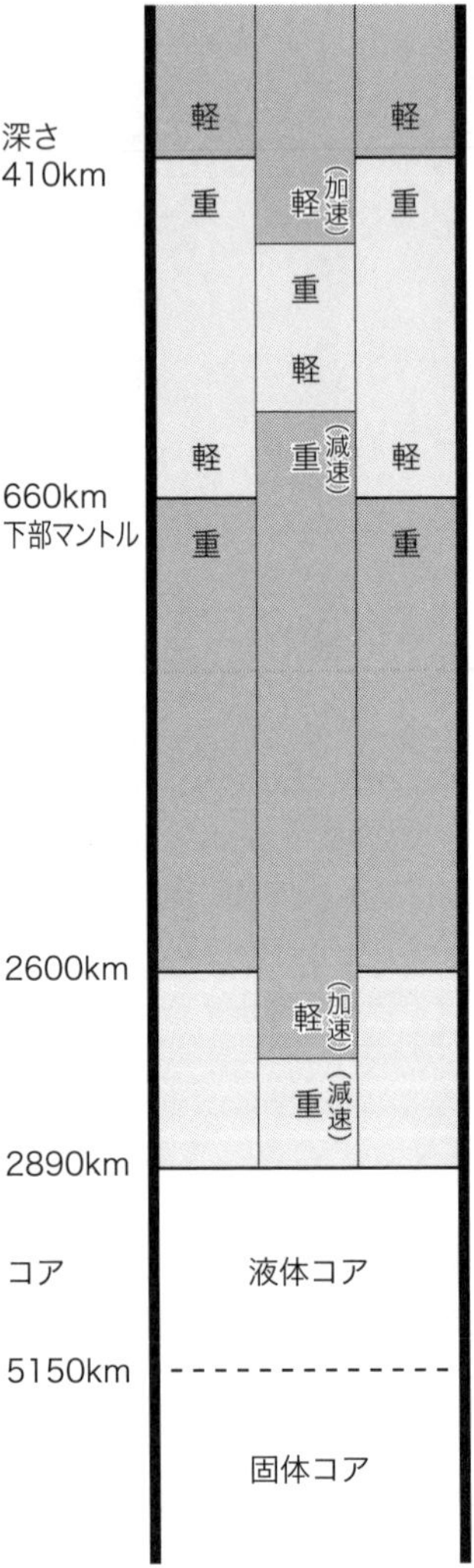

ズリアイトは、この付近で相転移してカンラン石になります。ところが、上昇してきたウォズリアイトは少しだけ温度が高いので、410キロよりも少し深いところで相転移が始まります。これを同じ深さで見たときに、周囲に比べて上昇流の中だけ相転移が進んでいるという状態になります。相転移をすると軽くなるので、周囲に比べてそこだけが軽いということになります。それゆえ浮力が生じ、上昇流はそれによってさらに加速され、対流が促進されるわけです。

そもそも上昇流が発生するためには、まずマントルの底の部分が加熱され、その上の部分よりも軽くなる必要があります。軽いものが下にあるので、そのままでは重力的に不安定というわけです。

このような上昇を始めるきっかけについては、相転移は関係していません。上昇が始まったあと、それがどうなるのか、プレートの下にまでどうやってたどり着くか、ということについて、上昇の途中の相転移は大きく関係しているのです。

マントル中の大きな相転移は3つあります。ひとつは、前述した410キロ、カンラン石とウォズリアイトの境界。その下が660キロのリングウッダイトとブリッジマナイトの境界。じつはここに関しては、先ほどの話とは逆で、上昇してきたブリッジマナイトが軽いリングウッダイトに変わるタイミングが周囲のマントルよりも遅れる。つまり、深さ410キロでは上昇が加速されていましたが、この深さ660キロでは、上昇は減速されているはずです。

そしてもうひとつ、深さ2600キロのペロフスカイト（ブリッジマナイト）とポストペロフスカイトの相転移。ここでは深さ410キロと同様のことが起こっていて、上昇が加速されているはずです。

ここで重要なことは、この相転移がマントルの底近くで起きる、ということです。マントルの底では、前述したように重力的な不安定が原因になって、上昇流が発生しています。

このとき、そのすぐ上の位置に加速してくれる仕組みがあることで、上昇を後押ししてくれる、つまり、上昇が始まりやすくなる、という働きをこの相転移がしていることになります。上昇流が発生しそうになったら、すぐ上で手を貸して引っ張り上げてくれるわけです。マントルの絶対的な底からわずか300キロという位置がポイントで、その立ち上がりのところで加速してくれる、立ち上がりを助けてくれるという意味で、流れを発生させて、マントル全体の流れをつくるために重要な役割を果たしているといえます。

地球の場合、たまたまマントルの底近くにこのような相転移があることで上昇流が発生しやすくなっているということ、下降流については相転移よりもむしろ海が重要で、海があることでプレートが冷えて重たくなって沈み込んでいくということ、このふたつの仕組みによって、他の惑星に比べて特異的に、マントルの対流が活発になっているのです。

地球は冷えている

マントルの底がコアによってあたためられることにより、高温の上昇流が発生します。一方で、マントル最上部は地殻とともに冷たいプレートを形成。このプレートが海溝から地球内部へと沈み込み、下降を始めます。

この上昇と下降、ふたつの力が働いて、マントルを対流させているのです（図16）。対流というと、学校でおこなった理科の実験をイメージする人もいるかもしれません。ビーカーに水を入れて下からアルコールランプであたためると、あたたまった底の部分の水が上昇して対流が起こる、という実験です。マントルの対流の場合も、あたたまって上昇する流れと、冷えて下降する流れがあるところが重要なポイントです。

マントルはコアによって加熱されています。一方、冷たいプレートが沈み込むことによ

図16：マントルの対流イメージ

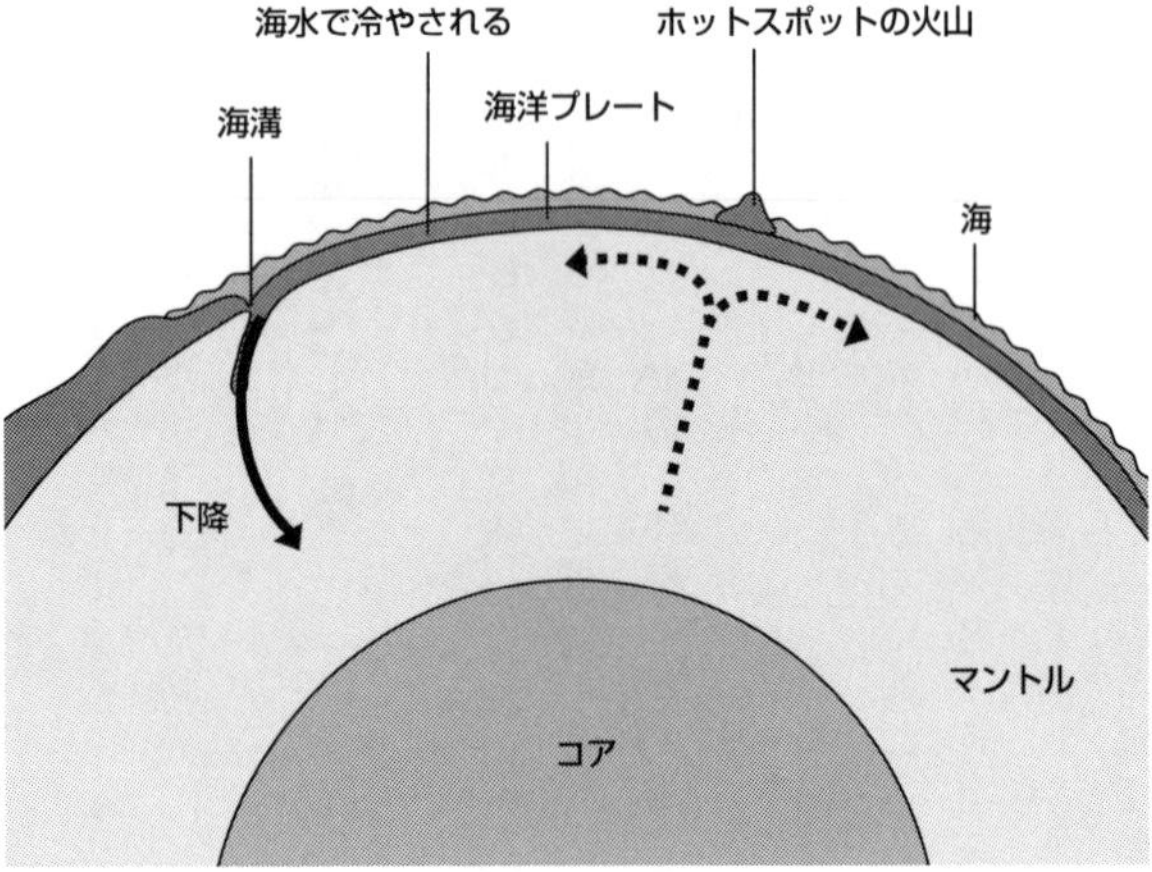

り、マントルは冷やされています。
どちらが勝っているかというと後者です。ホットスポットは世界中で100か所程度。しかし文字どおり点在しているにすぎません。一方、プレートが沈み込む「沈み込み帯」は帯（線）なので、総延長としてはホットスポットの比ではありません。つまり、マントルは対流によって冷えているのです。
マントルの対流といっても、底から熱いものが上昇してくる、というイメージでなく、実際には海によって冷やされたプレートが沈み込んでいる、というイメージを持つほうが実態に近いでしょう。
ビーカーであたためた水が上がっていくのではなく、エアコンから噴き出した冷気が部屋の上のほうから降りてくるようなイメージです。

マントルの上昇流が生まれるときには、コアによってあたためられているといいましたが、これはコアの熱を奪っているという言い方もできます。コアが、マントルに熱を奪われることで、次章でお話しするようなコアの対流が生まれているわけです。

地球が冷えているというと、少し心配になる人もいるかもしれません。しかし、それは何億年というタイムスケールでの話です。ここ数十年、数百年の気候の話ではありません。マントルの温度は40億年で500℃下がったというレベルの話です。

もちろん、さらに500℃冷えてしまったら、中央海嶺のマグマ活動も止まってしまいますし、プレート運動が止まってしまうわけですが、それはもう、「太陽が燃え尽きたらどうなる?」と心配するようなものです。

地殻、マントル、プレートの関係

ここまでのまとめを兼ねて、地球の中を掘っていくとどうなるかという話を、地球の中はどんな動きをしているのか、どんな流れがあるのか、という視点で整理してみましょう。

まず、いちばん外側のプレートは、水平方向にゆっくり移動しています。これを掘っていくとマントルのきれいな色の石が現れますが、浅い部分のマントルもプレートの一部なので、温度が高いわけでもなく、やわらかいわけでもありません。硬い岩石です。

さらに掘っていくと場所によって異なりますが、深さ50~100キロのところで、岩石の種類は変わらないのですが、急に流動的になります。流動的といっても、やはり1年間に数センチですから、水が流れるような感じではありません。水飴《みずあめ》、といってもまだやわらかい。強いていえばキャラメルのように、固体なんだけれども強く押せば曲がる、というイメージでしょうか。

動き方も、プレート部分は、ベルトコンベアに乗って一定の方向に動いている感じです。プレートの下にいくとそれほど単純ではなく、対流運動なのでもっと複雑な動きをするようになります。それがマントルの底部まで続きます。

4——地下2890～6370km
鉄から成る地球の中心「コア」の世界

内核の発見

マントルに関連して、プレート移動の仕組みやマグマと火山活動についてお話ししましたが、もう一度地下深くに戻って、こんどはコアについてお話ししましょう。

地球を掘りすすんでいくと、深さ2890キロでマントルの底に達します。ここから下はコア、地球の中心です（口絵図A）。

コアは外核と内核に分かれています。コア全体の半径は3480キロで、地球の半径の約2分の1。内核の半径は1220キロで、コア全体の半径の約3分の1。体積で比べると、コアは地球全体の16パーセントを占めます。内核はコア全体の4パーセント、地球全体で1パーセントもないということになります。

地球の中心にコアがあることは比較的早くから知られていました。地震波の観測から、深さ約2890キロのところに明らかな不連続面があり、そこはそれまでの（マントル内の）不連続面とは性格が異なるものだったからです。

その不連続面より下はS波を伝えないことから、液体であることがわかっていました。

ところが、地震波観測の精度が上がってくると、地球の中心部でS波が伝わっている、つまり固体が存在していることがわかりました。これが内核です（36ページ図4）。

これは、外核を伝わったP波が、内核との境界でその一部がS波に変換され、再び境界でP波へ変換されて、外核を通って地表で観測されているということです。

少し難しい話になりましたが、要は、内核がコア全体の体積にしてわずか4パーセントと小さかったこと、S波を伝えない液体である外核に隠されていたことから、なかなか見つけることができなかったのです。内核が発見されたのは、１９３６年のことでした。

コアはなぜ鉄の塊《かたまり》なのか？

マントルは岩石でできていましたが、コアは鉄を主体とする金属でできています。マントルがいくつかの層に分かれていたように、コア（核）も液体の外核と固体の内核に分かれています。つまり、高温で流動的な鉄の真ん中に、固体となった鉄の玉がある、という状態。この構造については後述しますが、まず、その素材について見ていきましょう。

そもそもなぜ、岩石でできた地球の真ん中に、鉄の塊があるのでしょうか。

地球の原材料物質は太陽の組成を参考に推定されています。「太陽は水素とヘリウムからできているのでは？」と思う方もいるかもしれませんが、そのとおりです。太陽光スペクトルを分析すると、太陽の成分のほとんどが水素とヘリウムで、その他の元素はわずか0・1パーセントです。しかし、水素やヘリウムは凝縮しにくい、つまり固体になりにくい元素なので、惑星の材料にはなりません。固体になりやすい元素（難揮発性元素《なんきはっせいげんそ》）については、地球も太陽もたいして変わらないのではないかと考えられているのです。

その根拠は、隕石《いんせき》です。火星と木星の軌道の間に小惑星帯というエリアがあり、地球にやってくる隕石のほとんどはここからやってきます。この隕石の組成を見てみると、主にマグネシウム、鉄、シリコン（ケイ素）、アルミニウム、カルシウム、そして酸素で構成されていることがわかります。そして大事な点は、固体になりやすい元素については、始原的な隕石の組成は太陽の組成ときれいに一致します。

太陽と小惑星帯（小惑星は地球に降ってくると、隕石と名前が変わります）の化学組成が同じなら、その間にある地球の組成も、とうぜん同じだろうと考えられるわけです。7章で触れますが、他の岩石惑星（水星、金星、火星）についても同様です。

水素とヘリウム以外の太陽をつくっている元素の中でも、鉄はかなり多くの割合で含まれていて、なおかつ、金属と酸化鉄のふたつの状態をとりうる物質です。

マグネシウム、アルミニウムやカルシウムは酸化されやすい、つまり酸素と結びつきやすく、逆に還元《かんげん》して金属にするほうがたいへんです。

たとえば、アルミニウム製の1円玉の製造原価は3円程度といわれていますが、それは、ボーキサイトから還元して金属アルミニウムにするために、それだけエネルギーが必要だからです。この反応は、自然界ではほとんど起きません。マグネシウムやカルシウムも同じです。ところが、鉄だけは比較的簡単に金属にできます。そのため、酸化鉄はマントルに、金属鉄はコアに、とその両方が存在しています。金属鉄は、比較的軽い元素である酸素と結合している酸化鉄や二酸化ケイ素などの酸化物よりもずっと密度が大きいのです。

それで、もともとドロドロに融けていた地球が固まっていくときに、金属鉄だけが沈んでいった、つまり中心に集まったというのが、コアの形成の仕組みです。

鉄から成るコアが、鉄より軽い謎

コアは鉄でできている、といいましたが、話はそれほど単純ではありません。100パーセント純粋な鉄、というわけではなく、他にも何か別の物質が含まれていることがわかっています。その〝不純物〟がなんなのか、それがいまでも、地球科学の重要な争点となっています。

1952年、アメリカの地球科学者フランシス・バーチが、外核の密度について驚くべき事実を発表しました。地震波の観測から計算したコアの密度は、鉄よりもずっと小さい、というのです（最近の私たちの研究によれば、外核と純粋な鉄の密度差は8パーセントです）。この差を説明するためには、鉄以外に、何か鉄よりも軽い元素が大量に含まれていなければなりません。それはいったいなんなのか。以来70年にもわたって議論されているのです。

前述したとおり、コアの化学組成は、小惑星帯からやってくる隕石を解析すればわかるだろうという気になります。地球全体の組成が始原的な隕石と同じなので、隕石からマントル・地殻の組成を引き算すればコアの組成が得られると考えられるからです。

そう考えると5パーセントほどのニッケルもコアに含まれているはずです。しかし、ニッケルは鉄よりもやや重い元素なので、コアの小さい密度を説明するには逆効果です。

また、このような隕石の組成を使った、地球コアの組成の推定は、難揮発性元素以外は難しいのです。重要なのは揮発性の高い水素や炭素です。

さて、理屈のうえでは、鉄よりも軽い元素はたくさんあります。しかし、現実的な条件を考えると、有力候補は絞られます。まず、①太陽系に豊富に存在する元素であること。それには原子番号が小さいほうが有利です。そして②鉄と合金をつくる物質であること。化学反応を起こしにくいヘリウムなどは候補から除きます。さらに、③金属になりやすい元素であること。アルミニウム、マグネシウム、カルシウムなどが除外されます。

そう考えていくと、候補は5つに絞られます。水素、炭素、酸素、ケイ素、硫黄《いおう》です。しかもそれが1種類とは限らないので、どの軽元素がどのくらいの割合で入っているのか、となると、そう簡単には特定できません。5つくらいならコンピュータシミュレーションで特定できそうだと思うかもしれませんが、5つのパラメータを決めるためには、5つの独立した観測値が必要になります。

外核・内核それぞれの密度、地震波の速度など5つの観測値を使っても、精度の問題もあり、一定の幅までしか導き出せないのが現状です。

そんな中で、私たちは、コアの主な不純物は水素であろうと推定しています。

水素は、主に水（H_2O）として地球に運ばれてきたものです。これについては後述しますが、地球にもたらされたH_2Oのうち、どのくらいの水素（H）がコアの鉄と結合するのか、私たちの実験で調べてみました。

地球の初期においては、表層はすべてマグマに覆われていました。あとで詳しく述べるように、これをマグマの海（マグマオーシャン）と呼びます。マグマは、水をたくさん含むことができます。火山の噴火を思い出していただきたいのですが、マグマに水が含まれていて、それが減圧することで水蒸気となり、一気に噴き上がる、というのが噴火のメカニズムでした。

つまりマグマは水を含みやすい。水はマグマを〝嫌いではない〟のです。しかし、地球の内部にある（つまり圧力のかかった）金属鉄はどうなのか。私たちが実験で確認したところ、水素はマグマよりもコア（鉄）のほうが50倍〝好き〟である。つまり、マグマ中の水が水素と酸素に分解し、そのうち水素はマグマよりもコアのほうに、濃度の比で50倍多く分配されることがわかりました。

現在、マントルの中に水として水素がどの程度含まれているかはわかっているので、それを50倍すれば、コアに不純物として取り込まれている水素の量を推定できることになります。その数値は、外核と純粋な鉄の密度差の3割から6割を説明することができる量でした。

不純物の正体を「水素」と考える理由

このコアの不純物問題を、こんどはマントル側の事情から考えてみましょう。

カンラン石をはじめとする上部マントルの鉱物がきれいな色をしていることは、2章でお話ししました。色がついている理由は、酸化鉄が含まれているからです。ところが、地球の原材料物質中の鉄の多くは金属鉄のはずなのです。どうやって鉄を酸化してマントルに取り込むことができたのか。これも問題になります。

私たちの考えでは、それも水素が解決してくれると思っています。

水素の元は、水です。水（H_2O）の水素（H）だけをコアが不純物として取り込むとすると、酸素（O）が余ることになります。この酸素が金属鉄（Fe）を酸化させ酸化鉄（FeO）となってマントルに残れば、辻褄《つじつま》が合います。だから、上部マントルの鉱物がきれいな色をしているというわけです。

これが、私たちが「不純物は水素だろう」と考える理由のひとつです。

水素の元「水」はどこからきたのか？

地球のコアに含まれている不純物が何かという問題について、水（H_2O）の成分であるHがコアに取り込まれ、一方、Oは酸化物としてマントルに取り込まれた、と説明しました。ここで大きな問題は、その水は、いったいどこからきたのか、ということでしょう。

それについては、惑星形成の理論から説明できます。

私は地球の深部物質を調べるのが専門ですが、惑星形成の理論的な研究をしている人たちとも交流があります。彼らは、地球が形成される過程をコンピュータ・シミュレーションで探ろうとしています。近年彼らが頭を抱えているのは、地球誕生時にたくさんの水が運ばれてきたはずだ、ということでした。たくさんとはどのくらいかというと、海水の数十倍から100倍、あるいはそれ以上です。

7章でお話ししますが、太陽系の火星軌道と木星軌道の間に〝スノーライン〟という境界線があります（図17）。小惑星帯の中ともいうことができます。このラインの内側、つまり太陽に近い高温側では惑星形成時に水は水蒸気の状態で存在したはずです。一方外側

図17：スノーライン

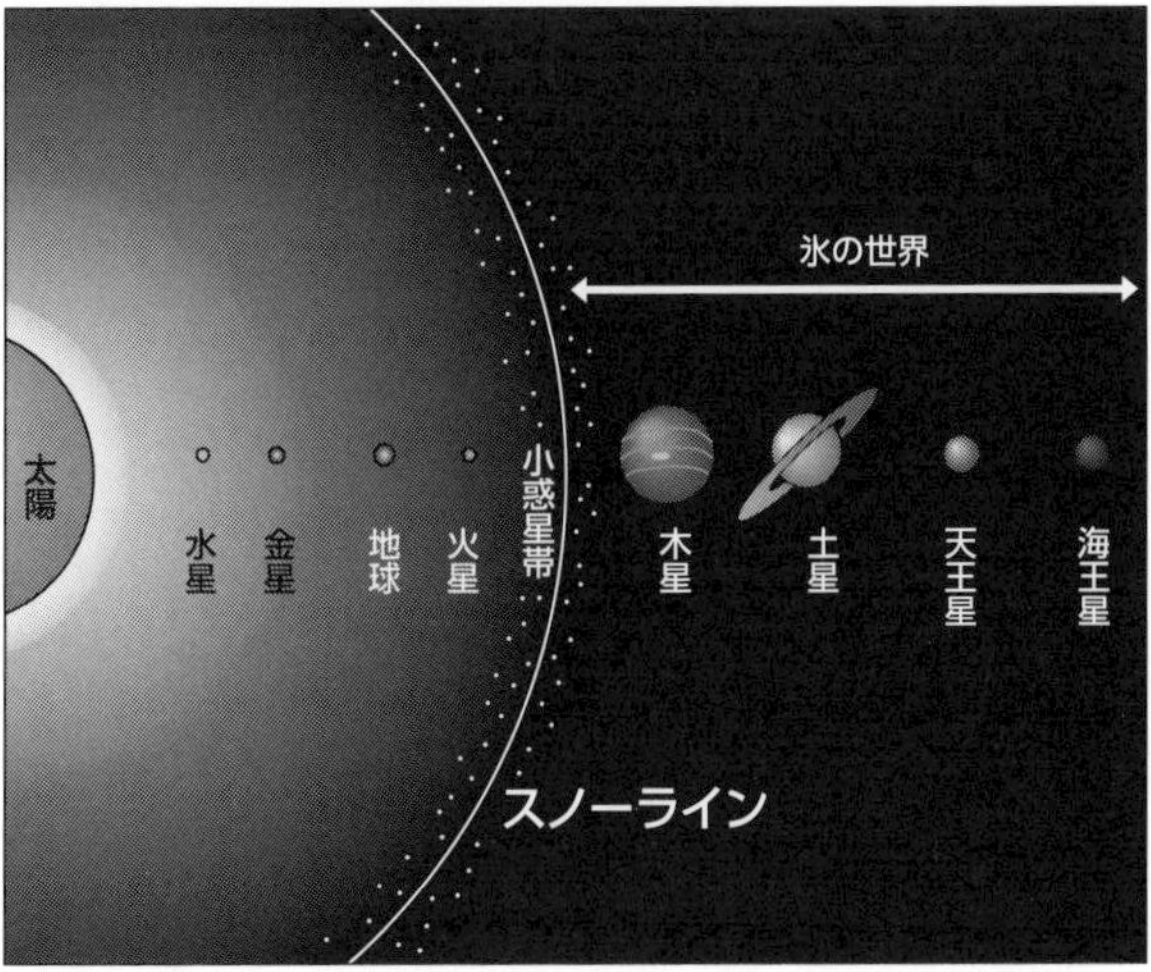

では、太陽から遠く温度が低いため、氷の状態で存在していました。宇宙空間では、水が液体の状態で存在することはありません。水蒸気か氷のいずれかです。

スノーラインの外側は、大量の氷が存在する〝氷の世界〟です。たとえば、天王星は半径が地球の4倍、質量が15倍ある巨大な惑星ですが、氷が主体の惑星です。

このスノーラインの周辺には小惑星帯があって、小さな天体がたくさん回っています。それが近くを通る木星の重力で軌道を乱され、さまざまな方向に飛び出していきます。当然、地球にもたくさん降ってきます。これが隕石です。

スノーラインの外側にある天体は、大量

の水を含んでいます。少ないものでも2パーセント、多いもので20パーセントにもなることがあります。

一方、地球はどうかというと、表面の7割を海に覆われてたくさんの水を蓄えているように見えますが、海の深さは平均すると3キロ程度です。半径6400キロのうちのたったの3キロですから、表面にわずかに水がはりついている程度。全質量の0・02パーセントにすぎません。地球の1000分の1の隕石ひとつで、海の全水量と同じだけの水がもたらされることになります。現在の海の全水量を1海水とすると、太陽系の初期にがんがん降り注ぐ隕石によって100海水以上の水がもたらされたといわれても、ぜんぜん不思議ではありません。

海の水以外に、マントルの岩石にも水が含まれています。少なくとも1海水以上はあります。では、残りの98海水はどこにあるのか。惑星形成のシミュレーションではそこまではわからないのです。

しかし、コアに大量の水素が含まれていると考えれば、これも説明がつきます。地球にもたらされた大量の水（H_2O）は、Hはコアに、Oは酸化鉄としてマントルに組み込まれた。それが私たちが考えたシナリオです。

コアに含まれる不純物はなんなのか、バーチの発表から70年経《た》ったいまも議論は続いています。酸素が主ではないかという人もいれば、いや、ケイ素が重要だという人もいます。さまざまな見解があり、いまだに決着がついているわけではありません。私たちの考えとしては、不純物のうちおそらく3分の1くらいは水素だろう、ということです。

コアの軽元素がわかると、何がわかるのか？

コアに含まれた軽元素を特定すること、つまり、コアの化学組成を確定することが、なぜそれほど重要な課題なのでしょうか。

それはまず、コアの比率が地球全体の中でかなり大きいということを考える必要があります。地球の中心からマントルの境界までは3480キロメートル、地表までは6370キロ。コアの半径は2分の1、体積は8分の1程度です。しかし、鉄でできたコアは質量が大きいので、質量では地球の3分の1という大きな比率を占めていることになります。

そのコアの化学組成がわかっていないということは、地球全体の化学組成のかなりの部分がまだわかっていないということになります。

仮に、私たちの考えが正しいとすると、コアに含まれる水素の量は50海水分の水素、つまり、全海水の水素の50倍にもなります。ということは、地球が持っている水素のほとんどは、コアにあるということになります。

炭素など他の元素についても同様です。地表を見ていると地球は緑に覆われ、炭素がたくさんあるように見えますが、マントルにはほとんど炭素は含まれていません（だからダイヤモンドは希少なのです！）。しかし、コアには大量に含まれているはず。私たちが把握している炭素は、いわば表層だけに張り付いているようなもので、地球全体から見れば、ほとんどの炭素はコアにあるはずです。

コアの中に何がどのくらい入っているのかがわからなければ、地球全体で水素がどのくらいあるのか、炭素がどのくらいあるのか、把握することができません。

それがわかれば、いろいろなことが見えてきます。地球ができたときに原材料となった物質はいったいどんなものだったのか、有機物はどのくらい含まれていたのか、水はどのくらい持っていたのか、などなど。つまり、地球をつくった物質の故郷がわかるのです。

地球は太陽から1億5000万キロメートルのところにありますが、地球に水や有機物を運んだ物質はもっと外側、もっと遠くから運ばれてきたと考えられています。太陽系のスノーラインの外側は氷の世界で、そこには大量の水があります。コアに50海水もの水素が含まれているのであれば、少なくとも一部の水を含む材料はそこからやってきたはずです。コアの組成を確定することは、地球の原材料物質を理解するという意味で、とても重要なことなのです。

コアの組成からさまざまな謎が解ける

また、地球の過去だけでなく、地球の現在や未来について知るためにも、コアの組成を確定することは大きな意味があります。

コアの正確な組成がわかっていないため、じつは、コアの温度が確定できていません。地球深部の温度の推定には化学組成の情報が不可欠なのです。

コアは、外核と内核、2層になっていると前述しました。外核が液体、内核が固体です。ということは、外核と内核の境界面では、コアを構成する物質の融点になっているはずです。もしも物質の化学組成が確定すれば、融点も確定するので、この境界面の温度がわかります。しかし、化学組成がわからなければ、融点もわかりません。

物質の融点は、不純物によって決まるといってもよいくらいで、不純物によって大きく変わります。不純物の比率が大きいほど融点は下がります。特に水素や炭素のような軽い元素は、それをどのくらい含んでいるかで、1000℃くらいは簡単に差が出てしまうのです。ですから、つまりコアの正確な温度を知るためには、化学組成を確定して融点を知る必要があるのです。

同じように、熱伝導率も不純物で大きく左右されます。熱伝導率を確定することは、コアの熱史（温度変化の歴史）を知ることにつながります。

今現在のコアの温度がわからない、熱伝導率がわからない、ということは、地球の熱の推移を計算できないということです。

もしも、いまの温度がわかり、冷却のスピードも計算でわかるようになれば、地球が誕生してコアができ始めたときに、どのくらいの温度があって、どのような経過をたどって冷えてきたのかがわかります。コアが冷えるということは、その熱はそのままマントルに移動しているので、マントルの熱史も正確に把握できるようになります。そうなると、地球の成り立ちから、現在のコアの状態、この先どのような熱史をたどっていくのか、という予測も可能になります。いままでなんとなく曖昧《あいまい》で〝正確なところはわからない〟と思われていたような事柄が、一気に解けてしまうという可能性があるのです。

そういった意味で、この地球のコアの組成を決定する、具体的には鉄とニッケル以外の不純物がなんであるか突き止めることは、地球科学のいま、もっとも重要な課題のひとつだと思っています。

コアが磁気をつくる

1936年の内核の発見は、地球科学の歴史で大きな出来事のひとつですが、それによってただちに「大きな謎が解けた」「それまで理由がわからなかったことが説明できるようになった」ということは、少なくとも発見当時はありませんでした。

たとえば、海王星《かいおうせい》、天王星《てんのうせい》、冥王星《めいおうせい》など、地球から遠くにある惑星（冥王星は現在は準惑星に分類）は、発見される前からその存在が予測されていました。

それは、すでに知られている惑星の動きを観察すると、〝まだ見つかっていない何か〟の存在を仮定しなければ説明できない現象があるからです。惑星には互いに重力的な相互作用があるので、たとえば天王星の軌道を観測すると、その外側にこれだけの重力を持つ惑星の存在を想定しないとこの軌道は説明できない、ということが計算によって導き出されます。そして、その存在を予測して海王星を探す、ということがおこなわれます。

しかし、内核に関しては、その存在を想定しなければ説明できない現象は、当時は考えられていなかったでしょう。

ところが、内核というものは、じつはとても重要な役割を果たしています。そもそもコアそのものが、地表にいる私たちにとってなくてはならないものなのです。実際のところ、「コアなんて日常生活にぜんぜん関係ないんじゃないの？」と思っている方がほとんどかもしれませんが、じつはそうではありません。コアは、地球磁場をつくっているという意味でとても重要なのです。

たとえば、私たちはよく「空気のようなもの」といいますが、空気はあるのが当たり前で、ありがたいと思うことはほとんどないでしょう。でも空気がなければ、私たちは生きていけません。その意味では、磁場も同じようなものといえるかもしれません。

もしも磁場がなかったら、地球はたいへんなことになっていたはずです。それはもちろん、コンパスが利かない、方向がわからない、というような話ではありません。磁場がなければ、地上にすんでいる生物は、有害な太陽風や宇宙線にさらされることになります。

大気や海もなくなってしまっていたかもしれません。

その話は次章以後にお話しするとして、この章の最後に、コアがどのようにして磁場を生み出しているのか、その仕組みについてご説明しましょう。

地球は巨大な電磁石だった！

磁場は、外核の液体鉄が対流することで生まれます。磁場が発生する仕組みは、電磁石と同じです。鉄芯の周りにコイルを巻いて、一定方向に電流を流すことで磁場が生まれる、これが電磁石の原理です。同じことを、外核の対流によって生み出している、というのが磁気発生の仕組みです。学校で習った「右ねじの法則」（右手の法則）を思い出してください。つまり、金属鉄が螺旋《らせん》状に対流することで、電磁石のコイルと同じ効果を生み出しているのです（図18）。

この際、コアの中心に内核があることで、外核の対流の邪魔になります。対流が起きるスペースが限られるからです。内核はコアの体積の4パーセントしかありませんが、半径はおよそ3分の1もあります。

図18：電磁石と右ねじ（右手）の法則

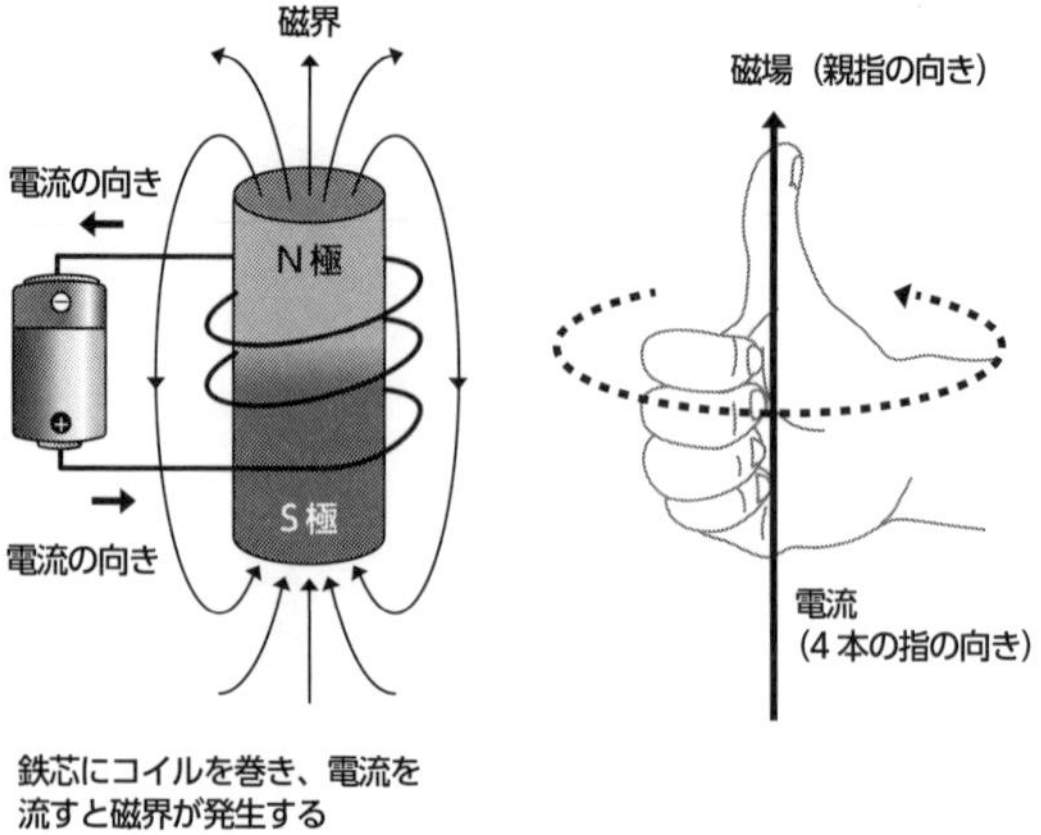

鉄芯にコイルを巻き、電流を
流すと磁界が発生する

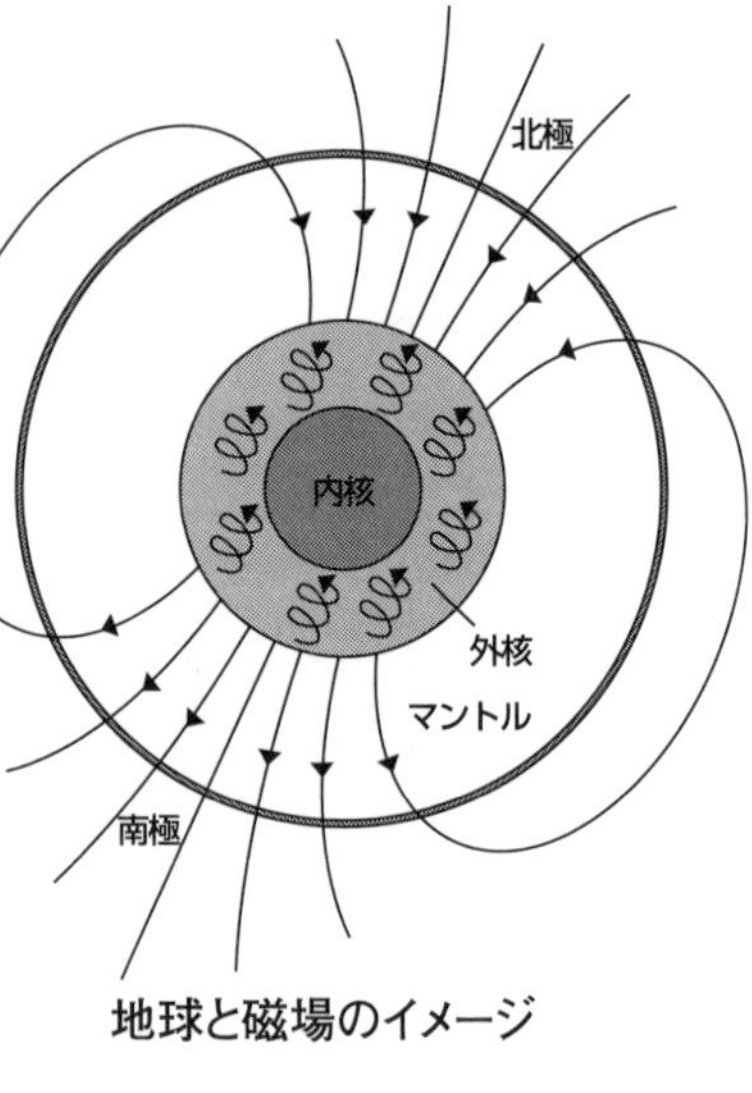

地球と磁場のイメージ

そうすると、あまり自由に動くことができずに、対流の方向が自然と揃うようになる。それで強い磁場が発生するというのが、地球の磁場の仕組みです。内核があるかないかで、磁場の強さは大きく異なるのです。

内核は外核が結晶化してできたものです。地球の歴史の最初からあるわけではありません。実際にいつ頃できたのか、ということについては議論があるところですが、私たちは約6億年前だと考えています。実際、6億年前を境に、地球の磁場の強さはV字回復しているというデータがあります。

電磁石では、磁場の強さは電流を流す強さに比例して変わります。地球の場合でいえば、対流の勢いが電流の強さに相当します。対流が激しいほど、電流が強く流れ、強い磁場が発生します。反対に対流が弱くなれば、磁場は弱くなります。

磁場は、45億年前、地球誕生直後からあり、そこそこ強かっただろうと思います。地球の内部はまだ熱く、対流が激しかったからです。ただ、内核はまだできていなかったので、前述したようにランダムな対流が互いに打ち消しあう効果もあり、地球が冷えるとともに磁場は次第に弱くなっていきました。

それが6億年前を境にV字回復し、以来、地球の磁場は維持されています。このことから、地球のコアに内核ができたのは、6億年前前後だろうというのが私たちの考えです。

やはり内核の存在は、普段あまり意識されないけれど、磁場の強さを決めているという意味でとても重要なのです。

5―コアがつくる磁場と地球生命の誕生

生命誕生の謎

地球には磁場がある。このことは、私たちがいま存在しているということに、間違いなく大きな貢献をしています。もしも、磁場がなかったら、いま、地球上に生物は存在していなかったかもしれません。火星人や金星人がいないように、地球人もいなかった可能性があります。ここでは一度、生命の誕生まで遡《さかのぼ》ってみましょう。

そもそも生命がいつ誕生したのか、ということについて、じつははっきりしたことはわかっていません。わかっていませんが、少なくとも38億年前には誕生していたことははっきりしています。グリーンランドのイスアという地域で見つかった岩石に、生命活動の痕跡が記録されているのです。

といっても、形ある生物の化石が残っているわけではなく、炭素の安定同位体比（同じ元素に属するが質量数が異なる原子、ここでは^{12}Cと^{13}Cの比）が生命活動によって変わっている痕跡、という化学的な痕跡です。

この岩石が38億年前のものなので、少なくともその頃には地球上に生命活動はあった、といえるわけです。もっと古い可能性も十分にあります。ひょっとすると、後述するマグマオーシャンが冷え固まって海ができた頃、45億年前まで生命の歴史は遡れるかもしれません。

生命が誕生するためには、いくつかの条件が揃うことが必要です。ひとつは、常時エネルギーが供給されること。深海底にある熱水噴出孔《ねっすいふんしゅつこう》もそのような場所です。熱水噴出孔とは、文字どおり地熱で熱せられた水が海底の煙突から噴出している場所で、中央海嶺によく見られます。現在でも、ここには深海にもかかわらず多様な生物が生息していることが知られています。

また、当時の海水は現在よりも二酸化炭素が多く含まれていたと考えられています。熱水噴出孔の外の、酸化的な海水と内側の還元的な熱水の間で、熱水孔の壁に電気が流れることが、最近の研究でわかっています。

その電気を使って二酸化炭素を還元することで、有機物に変えることができます。つまり、熱水噴出孔は生命が誕生するための条件が、かなり揃っているといえるのです。

ところが、問題はそれが海にあるということです。有機物ができても、うまく閉じ込めておかないと、広い海に拡散してしまいます。

いくら熱水が絶え間なく噴出しているとしても、海全体を有機物で満たすことは無理な話なので、有機物ができたとしても、いわば垂れ流し状態。そこから先はあまり生産的とはいえません。できたものを逃《のが》さず、しっかりとどめて、凝縮させる、という工程があれば理想的です。

さらに、最初にできた有機物は単純な化合物なので、生命が生まれるにはそれが重合《じゅうごう》して、高分子になる必要があります。この場合の重合とは、水がとれながら連鎖し結合する脱水縮合《だっすいしゅくごう》である、ということを考えれば、海水の中で重合するのは難しいということがわかります。

深海ではなく、波打ち際で生命は誕生した？

そもそもエネルギーが常時供給されているのは海底の熱水噴出孔だけではないので、どこか別のところ、たとえば火山ガス噴気がある箱根ではダメなのか、大涌谷《おおわくだに》でもいいじゃないか、という話は当然あるわけです。

そこでの問題は何かというと、生命誕生に必要とされる時間の長さが果たしてどのくらいなのか。マグマオーシャンが固まったのが45億年前で、生命のいちばん古い痕跡が38億年前ですから、生命が誕生するのに最大で7億年を要した可能性があります。それでは箱根はどうか、大涌谷の噴気は7億年続くのか、といわれると無理でしょう。そう考えると、中央海嶺の熱水噴出孔のほうが有利です。

箱根火山が活動を始めたのは約40万年前です。箱根でも7億年は無理でも、10万年くらいはなんとかなりそうだ、ということになると、要は10万年の間に生命が誕生できればよいことになります。

生命活動も、けっきょくは化学反応です。化学反応は、いってみれば必要な材料さえ揃っていれば瞬間的にできてしまいます。あとは、その化学反応をどう交通整理して、都合の良いものだけをつくっていけるかということなので、それは触媒《しょくばい》の働きということになります。

それがたまたまうまくいけば7億年もいらないはずです。それなら箱根でもできないことはないはずで、べつに深海でなければいけない理由はないことになります。

では、他にどのような環境が考えられるかといえば、たとえば波打ち際や干潟《ひがた》という可能性も古くから議論されています。

図19：干潟は、生命誕生の有力な候補地の1つ（写真：東京湾の盤州干潟）

波打ち際や干潟であれば、有機物が流れていってしまうことはなく、むしろ凝縮されるでしょう。また、乾いたり湿ったりを繰り返すことで、重合のチャンスはたくさんあります（図19）。凝縮もできて、重合もできる。つまり、生命誕生の第二段階では、とてもよい環境だといえると思います。

ただ、第一段階ではどうか。そもそもエネルギーがなければ、生命は生まれません。もしも干潟のような環境で、温泉か何かが湧き出していれば、可能性はあるはずです。

いずれにせよ、エネルギーがふんだんに供給されて、誕生した有機物が進化していく環境もあってという〝いいとこどり〟の環境がどこかにあったはずだ、というあくまで想像の世界でしかないわけです。

それには、海と陸地の接するところ、かつ持続的にエネルギーが得られるところが条件になっているのではないかと思っています。

そのほかの「生命誕生」説とは

生命の起源については、さまざまな説があって、有機物はすべて地球外からやってきたという人もいます。

実際、分子雲《ぶんしうん》といって宇宙空間に星ができる前の、宇宙の他の部分よりはいくらか密度が高い部分には、有機物が多くあることがわかっています。水素と炭素に富む宇宙空間では超低温であってもいろいろな有機物がつくれるのです。実際、隕石の中にはさまざまな種類のアミノ酸があって、生物が使っていないアミノ酸もたくさん含まれていることなどを考えると、宇宙空間の超低温の状態で有機物を合成し、それが隕石によって地球にもたらされたという説があっても不思議ではありません。

しかし、外からもたらされた有機物はいわば資源です。資源が枯渇《こかつ》すれば〝それで終わり〟です。それよりは、地球上で定常的に有機物をつくり続けることで、現在のような生命が誕生した、と考えるほうがいいだろうと思っています。

ひとつ補足しておくと、熱水噴出孔以外のエネルギー源として、天然原子炉が重要だった可能性があります。天然原子炉とは、自然界で自律的に核分裂反応が起こって、エネルギーが生み出されていた場所のことです。

もちろんいまはありませんが、その痕跡を示す化石が、アフリカのガボン共和国のオクロというところで発見されています。20億年前の天然原子炉です。これまで発見されているのはその1か所だけですが、初期の地球にはもっとたくさんあったはずです。放射性物質は時間とともに減っていくからです。加えて、初期の地球には半減期の短い放射性物質もたくさんありました。

天然の原子炉であれば、熱水だけではなく放射線も出していて反応性を高めてくれる効果があるので、その点も有効だった可能性があります。もちろん、天然原子炉の場合も、そこに都合よく水や干潟がなければいけません。

もうひとつ言い添えておくと、波打ち際の環境は、生命の誕生だけでなく、進化の過程でも重要だと考えられています。すでにお話ししたように、地球上の大陸はつねに移動していて、かつてはひとつの大きな超大陸だったこともあります。大陸はつねに離合集散を繰り返してきたわけです。

大陸が分裂すると、トータルの海岸線が長くなります。波打ち際が増えて、生命にとって豊かな環境が増えるということでもあります。大陸が分裂し始めた時期に、生命の進化が加速されて、種も増えることが知られています。多様性が生まれる時代です。大陸の分裂と、生命の進化は、リンクしているのです。

磁場が生命を誕生・進化させた

地球上で生命の誕生や進化には海が重要であることが、おわかりいただけたでしょう。ところが、もしも、地球に磁場がなければ、海がなかったかもしれない。海だけでなく、大気もなくなっていたかもしれないのです。

地球には、つねに宇宙線や太陽風が降り注いでいます。宇宙線とは、宇宙空間に飛んでいる高エネルギーの放射線の総称で、アルファ線、ベータ線、中性子線、陽子線などさまざまなものがあります。太陽風とは、太陽から噴き出すプラズマ（高温で電離した粒子）

図20：宇宙線や太陽風を防ぐ磁場

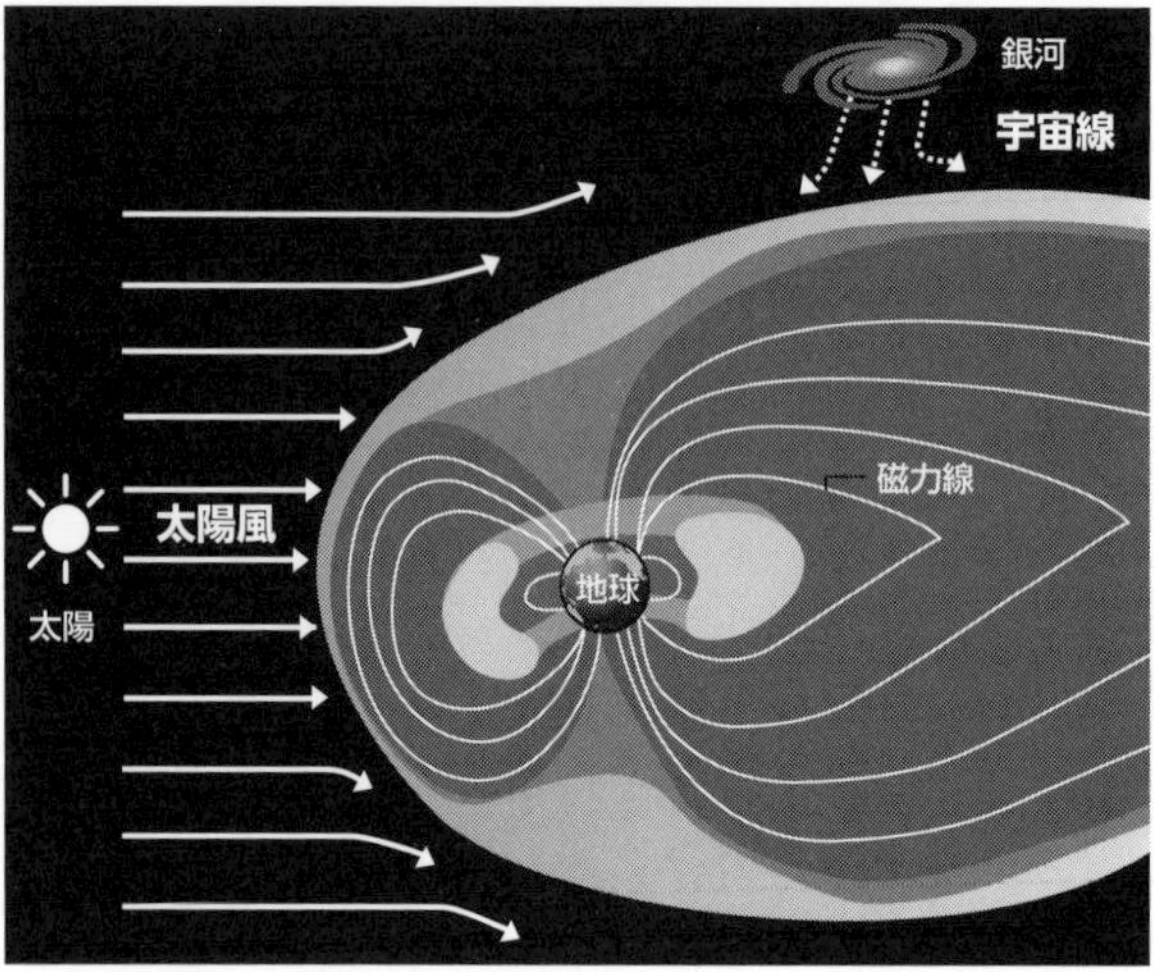

です。もしも、この太陽風が直接地球に降り注いでいたら、大気中の水素分子が宇宙空間に吹き飛ばされてしまいます。水素がなくなれば、それを補うように、大気中の水蒸気の水素と酸素への分解が起こります。そうやって減った分の水蒸気を補うように、今度は海水の蒸発が促進されます。

つまり、大気や海が剝《は》ぎ取られてしまうことになるのです。後述するように、これがおよそ40億〜38億年前に火星で起こったことです。

しかし、地球には磁場がブロックしてくれているおかげで、この宇宙線や太陽風がほとんど届きません。宇宙線や太陽風は電離してイオンになっているので、磁場との相互作用によって跳ね返されるのです（図20）。

宇宙線や太陽風は、海を剝ぎ取るだけでなく、陸上にすむ生物にとっても有害です。海底か波打ち際か、いずれにせよ水の中で誕生した生物は、その後、陸上にあがって大きな進化を遂げました。

生物が陸上に進出したのは、地球の歴史を考えると、比較的最近のことです。現在知られている、もっとも古い陸上生物は4億6000年前のコケの仲間です。植物は、陸上に生息することで大きな恩恵をうけました。植物は光合成をする必要があるため、海中で太陽光の届く範囲となれば、生息域も限られます。植物は陸上で大きくすみかを広げたというわけです。

植物が陸上に進出できたのは、おそらく強い磁場のおかげでしょう。磁場が宇宙線や太陽風から守ってくれているからこそ、陸上も生物にとって安全な場所であるわけです。

磁場の推移を見てみると、前述したように40億年前から徐々に弱くなっていきますが、6億年前にV字回復しています。それは、この頃に内核ができたからだと考えられます。しかし、できたばかりの内核はまだ小さいので、磁場もすぐには強くなりません。その後1億年かけて内核が次第に大きくなり、外核の対流を邪魔するまでに成長すると、十分に磁場が強くなってきます。それがちょうど、生物（植物）が陸上に進出し出した時代と重なります。

つまり、磁場が有害な宇宙線や太陽風をシャットアウトしてくれたことで、植物が陸上に進出しやすくなった。というのが、もっともありうる進化のシナリオだと考えています。

6——地球史の大きな謎
「磁場逆転」現象

地球のN極とS極は逆転を繰り返してきた

前章で地上の生物にとって磁場が大切だという話をしましたが、地球の歴史の中で磁場は過去に何度も逆転しています。いまは、磁石のN極は北を指し、S極は南を指しますが、いまから約77万年前までは、これが逆でした。90万年前にも逆転が起こっています（図21）。地球は、磁場の逆転を数万年から数十万年のサイクルで繰り返してきましたが、もっとも最近の逆転が77万年前。いまの磁場は異常に長く続いていることになります。

このような磁場の逆転がなぜ起こるのか、その理由はまだ解明されていません。地球科学の大きな未解決問題のひとつになっています。

図21：逆転する地磁気

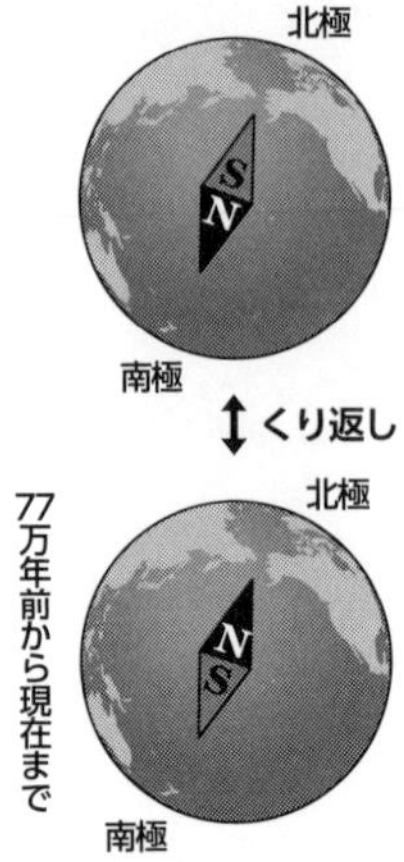

逆転は1日で起こるわけではなく、ある日朝起きたら磁石が逆を指していたなどということは起こりません。数千年くらいかけてゆっくり進行します。その間、地球全体の磁場がまった

くゼロになるわけではなく、極端に弱くなって不安定になります。弱い磁極は存在するのですが、固定した地点に現れず、ふらふらと移動するというイメージです。数千年の間、ずっとふらふらし続けます。

磁場が弱くなってしまうと何が起こるのか。前述したとおり、太陽からの有害な太陽風や宇宙線をもろに地表に浴びることになります。

もしそうなったら、人類は滅亡の危機に瀕《ひん》するのかというと、そんなことはありません。

いま述べたように、磁場の反転は数万年から数十万年に1度のペースで繰り返されています。人類が誕生してすでにおよそ250万年、その間、9回の反転を経験していることになります。人類は、磁場の反転が起こっても、しっかり生き延びてきているわけです（図22）。

他の地上生物も同様です。最後の磁場逆転は77万年前に起こりました。このときにもしも大規模な絶滅イベントや生物の入れ替わりがあったら、後述する「チバニアン」が認定される前に、すでにそこで時代区分が引かれているはずです。なんらかの影響はあったかもしれませんが、少なくとも大量絶滅のような重大なイベントにはなりませんでした。

次章でお話しするように、火星では磁場が消滅したために、太陽風を浴び、大気や海が

図22：地球の磁場の逆転の歴史

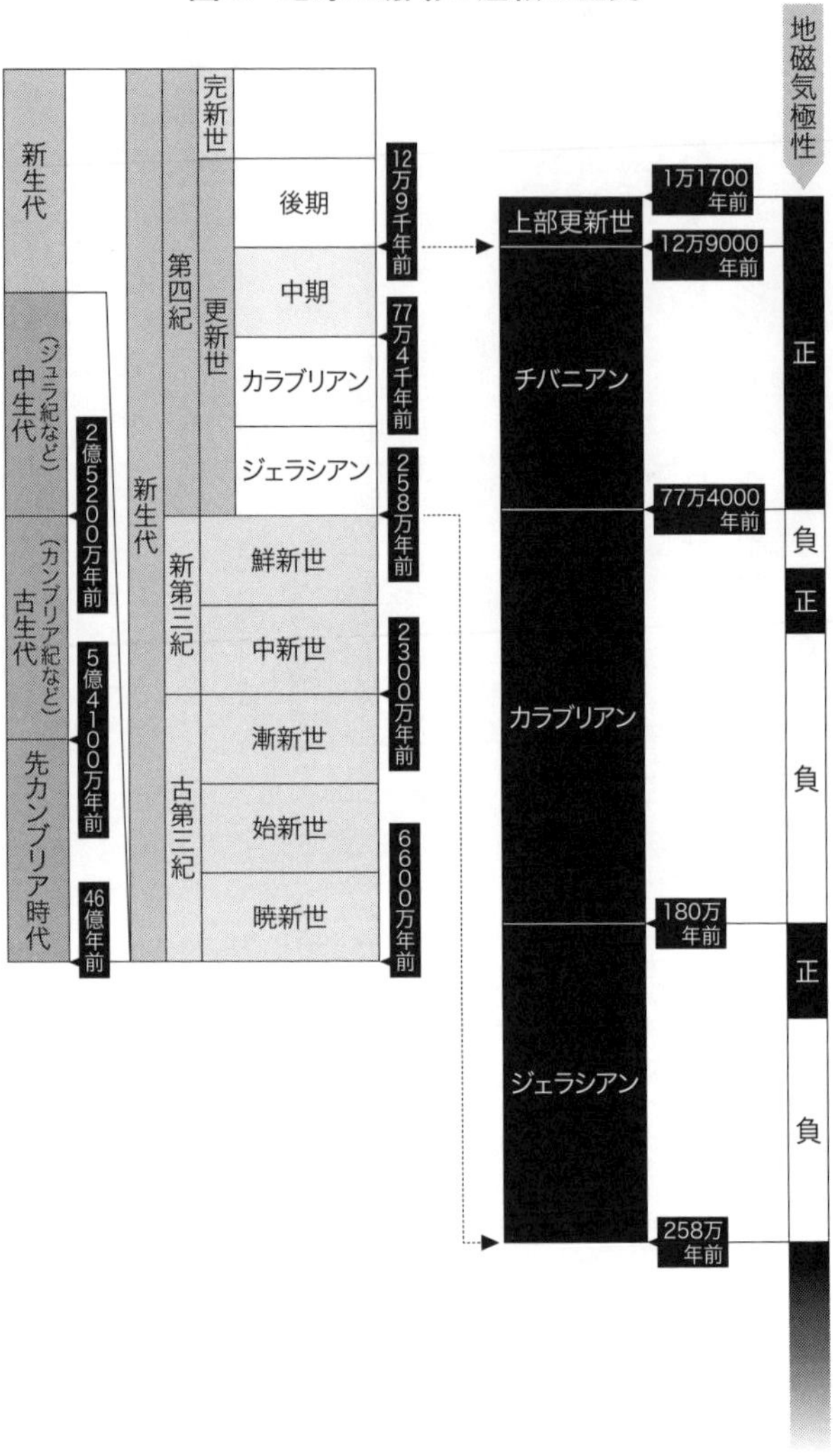

なくなってしまいました。そのことが、その後の火星と地球の運命を大きく分けたといってもいいでしょう。

それでは地球も、磁場が逆転している間に海が干上がってしまうのかと思う人もいるかもしれませんが、それは心配には及びません。火星の場合は40億年前に磁場が完全に消滅し、その後、海が干上がるまで2億年かかっています。なおかつ、火星はもともと重力が小さいので大気が薄かったはずです。そのような火星であっても、海が干上がるまで、2億年かかっています。

だから、地球が数千年ぐらい磁場をなくしても、それほど重大なことにはならないでしょう。

もしも地球から地磁気がなくなったら…

ただし、現代社会に大きな影響を及ぼす可能性はあります。太陽で大規模なフレアが発生すると通信や放送に障害が起きるといわれていますが、それよりはるかに深刻な事態になるはずです。

2003年にアメリカで制作された『ザ・コア』というSF映画がありますが、もしも地球のコアが停止して磁場がなくなってしまったら……という、まさにこの話を題材にしています。

映画では、心臓のペースメーカーが誤作動したりスペースシャトルの電子機器が誤作動したりといろいろたいへんなことが起こるのですが、これはあくまでフィクションなので、ずいぶん話を〝盛っている〟と思って観たほうがよいでしょう。実際に、この現代社会になってからの磁場の逆転を人類は経験していないので、ほんとうのところ、どんな影響があるのか誰にもわかりません。

ただ、一度始まってしまったら、数千年の間、磁場が弱い時代が続くことになります。おそらく、人類の文明は取り返しがつかないくらい大きなダメージをうけるだろうと想像できます。

実際のところ、過去1万年で地球の磁場は半分になっています。このままのペースで減少していったら、たいへんなことになるのではないかという人もいますが、もう少し大きなタイムスケールで見ると、地球の磁場は強くなったり弱くなったりを繰り返しています。半分になったからといって、そのままゼロに向かうのか、ただ強弱を繰り返しているだけなのかはわかりません。

コンピュータでコアの対流をシミュレーションしようとしている研究者もいますが、まだ、磁場の逆転の原因について最終的な答えは得られていません。コア内部の動きを正確に再現するには、現代最速のスーパーコンピュータの計算能力をもってしてもまだ足りないのです。現状のコンピュータの中で起きる物理現象と、実際の地球では物性が異なるので、実際にそれが地球に当てはまるのかどうか誰にもわかりません。

ただ、ひとつだけ明らかなことがあります。それは、最後の磁場の逆転が77万年前だったということ、それ以降、一度も磁場の逆転が起きていないということです。これは過去の周期に比べると、異常に長いといえます。ですから、もういつ逆転が始まったとしてもおかしくないのです。

大陸移動説と磁場逆転の歴史

大陸移動説を最初に言い出したのはドイツの地球物理学者ウェゲナーであることは、すでに有名な話です。その大陸移動説が現代のプレートテクトニクスという理論へ発展した

図23：ウェゲナーが著書『大陸と海洋の起源』で提示した大陸移動説の図

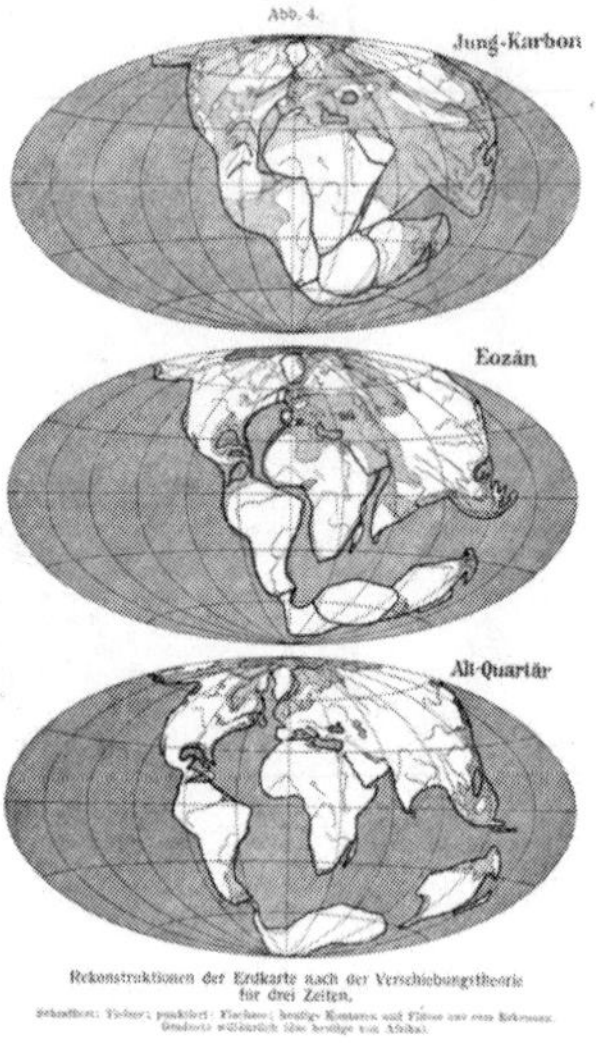
Abb. 4.
Jung-Karbon
Eozän
Alt-Quartär
Rekonstruktionen der Erdkarte nach der Verschiebungstheorie für drei Zeiten.

背景に、地球磁場の逆転が大きく貢献しました。

ウェゲナーが、大陸移動説を発表したのは、1912年です（図23）。当時から、南アメリカ大陸とアフリカ大陸が、地質学的、古生物学的に何かしらの関連があることは知られていましたが、当時は、両大陸を結ぶ長い陸地があったのだろうと考えられていました。ところがウェゲナーは、ふたつの大陸の海岸線の地形がぴたりと一致することに着目し、大陸同士がかつてはくっついていた、それが移動して離れていったとする、大陸移動説に思い至ったのです。

いまでは、すでに広く認められている説ですが、いまから100年以上も前のこと、しばらくは誰にも見向きもされない時代が続きます。

それがもう一度注目を集め出したのは、1960年代のことでした。海洋底が動いていることがわかったのです。カナダのバンクーバー島沖の太平洋の海の底が年に3センチずつ、左右に拡大している。火山列である中央海嶺から、左右対称に同じスピードで拡大しているということがわかったのです。

そのような海洋底の拡大は、太平洋だけでなく、大西洋やインド洋など、世界中でまもなく確認されました。大陸移動説を唱えてから半世紀近く経《た》って、ウェゲナーが主張していたことはやっぱり正しかった、とようやく認められたことになります。ここからプレートテクトニクスの理論に達するまで、さらに10年は要しませんでした。1960年代の後半にはプレートテクトニクスという理論が確立し、そこからさらに半世紀経った時点に、いま私たちがいるわけです。

ところで、バンクーバー島沖の太平洋の海底が年にわずか3センチずつ左右に拡大しているということが、なぜわかったのか。どうやって正確に測ることができたのでしょう。ここに磁場の逆転が関係しています。

磁場が逆転すると、その時代の地層にそれが記録されることがあります。マグマが溶岩となって噴出し、それが冷えて固まるときに、その当時の磁場を記録するのです。これは、岩石中の磁鉄鉱などの磁石の性質を持つ鉱物が、当時の磁場の向きを捉えた状態で固まるからです。溶岩が弱い磁石のようになるわけです。たとえば、青木ヶ原の樹海はコンパスが利かないことで有名ですが、それは足元にある溶岩が磁気を帯びていて、コンパスを狂わせてしまうからです。

このような磁気を記録した岩石が、1960年代、バンクーバー島沖の底でも見つかりました。いまと同じ磁場の向きを記録した岩石とその逆向きの岩石が、中央海嶺に平行に、縞《しま》状に並んでいることがわかったのです。

前者を黒、後者を白とすると、太さの異なる黒と白の帯が並ぶ、バーコードのようになっていたのです。これを海洋底磁気異常と呼びます。

大事なことは、そのバーコードのパターンが、磁場逆転の歴史と見事に一致していたことです。

磁場が逆転した年代は、地上の地質調査から正確に割り出されています。何万年前はいまと同じ向き、その前は逆向き、というような歴史がすべてわかっていて、これが中央海嶺を中心に広がる磁気異常の縞模様と一致していました。これで、中央海嶺がつねにマグマを出し続けていて、左右に一定のスピードで海洋底を押し広げている。つまり海底が広がっている、ということがわかったのです。

その拡大速度は、場所ごとに過去2億年もの間、ずっと一定していて、計算するとバンクーバー島沖では毎年3センチのペースであることがわかりました。

通常は地点間の距離測定は三角測量を用いますが、当時の技術で大陸間の距離をセンチメートル単位で測ることは無理だったでしょう。現代では高精度のGPSを用いることで、三角点の変動をミリメートル単位でモニターすることが可能です。ミリの単位で見ると、日本列島の形が日々変わっていることも明らかになっています。

しかし、1960年代の時点では、海洋底が拡大していることを示していたのは、GPSではなく磁気異常の縞模様だったということです。

磁場逆転とチバニアン

2020年、「チバニアン」が話題になりました。地球の歴史（つまり地質時代）の区分に、初めて日本の地名にちなんだ名称が付けられることになったのです。チバニアンは、いまから約77万年前から約13万年前までの期間をいいます。

77万年前とは、最後に磁場の逆転が起こった年代です。千葉県の市原《いちはら》市田淵《たぶち》に、この年代の地層がきれいな状態で保存されています（図24）。

図24：チバニアンの地層がある渓谷（提供：市原市教育委員会）

77万年前の地層は世界中にあるはずですが、それが良好な保存状態で残されていることが重要だったのです。チバニアンは、磁場の逆転というイベントが、地質区分に適用されたケースです。

地質時代を概観しておきましょう。地球が誕生した頃から40億年前までが冥王代《めいおうだい》、それから25億年前までが太古代《たいこだい》、5億4100万年前までが原生代《げんせいだい》（この3つを合わせて先カンブリア時代）、2億5200万年前までが古生代《こせいだい》、6600万年前までが中生《ちゅうせい》代《だい》、そしてそれ以降が新生代《しんせいだい》です。

それぞれの時代は次のような特徴があります。冥王代は地球に岩石記録がない時代。太古代は初期の生命や高温のマグマ活動があった時代。原生代は大気中の酸素が増大した時代。古生代は生命が大型化し多様性が一気に増した（生命の大爆発）時代。そして、中生代は恐竜などの爬虫《はちゅう》類、新生代は哺乳《ほにゅうるい》類の時代です。

古生代以降の地質時代区分は、基本的に生物の進化、絶滅による入れ替わりで定義されてきました。

たとえば、2億5200年前に史上最大の絶滅イベントがあり、全生物の96パーセントが死滅します。このイベントを境に、その前を古生代、以降を中生代と区分します。さらに中生代の終わりには、メキシコ湾に巨大隕石が落ちて地球が寒冷化して恐竜が絶滅します。その後哺乳類が登場すると、そこからを新生代と称します。

このように、地質時代区分は基本的に生物記録で決めるものでした。なぜなら、このような生物の入れ替わりは世界中でほぼ同時期に起こるので、離れた場所の地層の対比がしやすいからです。

一方、チバニアンの認定は、77万年前に起こった磁場の反転を基準に地質時代を区分するということ。磁場の反転は地球にとって重要なイベントだから、それを地質時代の新しい区分としましょうということなのです。磁場の逆転も世界中の地層で確認できます。

チバニアンの命名のもとになった地層は、養老川沿いの崖にあり、実際にいけば誰でも見ることができます。

現在と同じ磁場の地層、磁場がふらふらしていた時代の地層、磁場が逆転していた時代の地層が重なっているところを観察することができます。ただし、地層そのものに磁石をかざしても磁石が逆に振れるなどということはありません。

7——地底から浮かび上がる宇宙の成り立ち

太陽系の誕生

地球を掘っていくと何があるのか、がこの本のテーマですが、地球の中身について知ることは、他の惑星や太陽系の成り立ちを知ることにもつながります。この章では、地球を掘りすすんでいくと、それは宇宙にもつながっているという話をしましょう。まず、地球を含む太陽系の惑星たちがどのようにしてできていったのかを見てみましょう。

通常の宇宙空間には、物質がほとんどなく、水素やヘリウムなどのガスがわずかにあるだけです。やがて、これらのガスの濃度にムラができ、少し濃くなった領域ができます。これを分子雲《ぶんしうん》と呼びます。

この分子雲の中心に、重力によってガスが集中し、やがて恒星ができ始めます。これが中心星（太陽）となり、その周りを分子雲の残りが回転しながら、円盤状に集まり始めます。これを原始惑星系円盤と呼びます。円盤は水素やヘリウムが主ですが、その他の元素も含まれます。ガスから金属鉄や岩石の成分（シリケイト）が塵《ちり》として凝縮します。

これら固体の塵が、やがて次第に集まり始め、合体しながら大きくなっていきます。直径1～10キロメートルのものを微惑星、さらに合体して1000キロメートルサイズになったものを原始惑星と呼びます。原始惑星はさらに衝突、合体を繰り返して、やがて現在の地球をはじめとする惑星になったと考えられています。

この惑星形成モデルは、1970～80年代に京都大学の研究グループによって確立されたもので、京都モデルと呼ばれています。

さて、太陽系のそれぞれの惑星がこんなに個性的なのはなぜなのでしょうか。水星、金星、地球、火星——この4つの岩石惑星は、原材料も同じ、つくり方も同じ、それなのに表層環境はまったく異なります。地球のように、海があり、生物がすんでいるのは、少なくとも現在知られている限りでは地球だけです。いったいこの違いはどこから生まれたのでしょうか。

酸素の由来とスノーライン

岩石惑星の表層環境はまちまちですが、その中を掘ってみると、さまざまな共通点があります。原材料がほぼ同じなので当然のことですが、中心にコアがあるという構造も共通しています。しかし、コアの大きさや状態（温度、対流の有無など）はそれぞれ異なっています。地球を構成する酸素以外の主要5元素（マグネシウム、鉄、ケイ素、アルミニウム、カルシウム）のうち、鉄だけが酸化鉄（FeO）と金属鉄（Fe）、ふたつの状態をとりうるという話はすでにしました。そして、重い金属鉄が沈み、中心にコアを形成することにも触れました。

コアの個性は、このとき、どのくらいが酸化鉄（FeO）になって、どのくらいが金属鉄（Fe）として残ったのか、その比率と大きく関係しています。そしてその比率を決めるのは、酸素（O）です。酸素と反応した鉄は、FeOとなってマントルの成分になります。残りは、金属鉄としてコアを形成します。

地球の場合を見てみましょう。マントル中の酸化鉄は、質量の約8パーセントです。これがもし、酸化鉄にならずにすべてコアになっていたら、コアはいまよりもざっと16パーセント大きかった計算になります。もしそうだったら、マントルの深さももっと浅かったはずです。地球の現在はもう少し違ったものになっていたかもしれません。

コアの大きさを決めているのは、酸素なのです。では、この酸素はどこからきたのでしょうか。

すでにお話ししたように、惑星をつくる材料となった、原始惑星系円盤中の塵は、金属鉄、マグネシウム・ケイ素・アルミニウム・カルシウムの複合酸化物（主にシリケイト）、有機物、氷などです。金属鉄を酸化させてFeOにする酸素は、どこに含まれていたのでしょう。

それは、〝スノーライン〟の外側からやってきた大量のH_2Oです。水素（H）がコアに取り込まれ、余った酸素（O）が金属鉄を酸化させて、マントルの成分となった。そこまでは、4章ですでにお話ししました。

ここではスノーラインについて、少し詳しくお話ししましょう。ほぼ真空の宇宙空間では、H_2Oは、ガス（水蒸気）か固体（氷）の状態で存在します。液体（水）としては存在しません。十分に高温であれば水蒸気、冷えて低温になると、水蒸気から氷の状態に〝凝縮〟します。つまり、惑星ができた頃、太陽に近い領域では水は水蒸気の状態で存在し、太陽から遠い領域では氷の状態で存在していました。その境界がどこになるのか。それは太陽から2・7天文単位（1天文単位＝太陽から地球までの距離）と計算されています。この境界線をスノーラインといいます（101ページ、図17）。

前に説明したとおり、スノーラインの内側では、H_2Oは水蒸気の状態で存在します。水蒸気は惑星の材料にはなりません。スノーラインの内側で誕生した水星、金星、地球、火星の4つの惑星は、岩石が主体の惑星なので、岩石惑星と呼ばれます。

一方、スノーラインの外側では、H_2Oは氷の状態です。氷は固体なので、惑星をつくる材料になります。ここは〝氷の世界〟です。岩石の中に氷が混じっているのではなく、氷が主体となっているのです。

スノーラインの外側にある、木星や土星は大量の水素やヘリウムをまとった巨大ガス惑星ですが、それらの衛星（地球の場合は月）の多くが氷衛星《こおり》です。また、天王星と海王星は、大量の氷でできた巨大氷惑星です。

スノーラインを境に、まったく違う世界がそこにはあるのです。

水星、金星、地球、火星のコアの成り立ち

スノーラインの内側で誕生した地球も、他の岩石惑星も、もともと水を持っていませんでした。気体である水蒸気は惑星の材料にならないからです。

しかし、木星が円盤ガスを取り込んで大きく成長し、巨大ガス惑星になると事情が変わ

ります。木星の近くにあった天体が、木星の大きな重力によって軌道を乱され、太陽系の内側領域に降ってくるようになります。木星はスノーラインの外側の氷の世界にあるので、氷（実際は、天体内部で氷と岩石からできた含水鉱物）を持った天体が地球にも大量に降ってきたはずです。このことは、地球のコアの不純物を説明したときにもお話ししました。

このとき、当然のことながら、スノーラインに近いほうが、つまり太陽から遠いほうが、より多くの水を受け取ることができたでしょう。ゆえに、火星では、おそらく地球よりも多くの水がきていたはずです。水星は太陽に近いので、あまり多くを受け取れなかったはずです。

火星のコアにも、もともとは水になっていた水素がたくさん溶け込んだことでしょう。つまり、火星では余った酸素が多く、酸化鉄が多い。逆に水星では酸素が少ないので、酸化鉄が少ない、ということなのです。これに加えて、水星のコアが大きい、つまりマントルが少ない理由は、あとで述べる原始惑星同士の巨大衝突（ジャイアント・インパクト）によってマントル部分が吹き飛ばされたため、という説もあります。

さて、コアの大きさが違えば、マントルの深さも異なる、ということです。

もう一度、地球の場合を思い出してみましょう。第2章でちょうどマントルの底近くでポストペロフスカイトからの重要な相転移があるため、マントルの対流が生まれやすくなっているという話をしました。マントルの深さが、たまたまいまの深さになっていることで、この重要な相転移《そうてんい》がマントルのちょうど底あたりで起こっています。もしもコアが大きかったら、マントルはいまより浅くなり、この相転移はなかったでしょう。反対にコアがもう少し小さかったら、マントルはいまより深くなり、この相転移はマントルの対流にあまり役立たなかったでしょう。

それは、たまたま地球にもたらされた水の量によって決まったことです。そう考えると、少しだけ奇跡的な感じがします。

惑星の個性を決めたマグマオーシャン

岩石惑星の個性を決めているのはコアであるとお話ししましたが、このコアの大きさにも関わっている重要なイベントが、マグマオーシャンです。

マグマオーシャンとは、惑星表面を覆うマグマの海のことです。惑星形成期の後半には、大きくなった原始惑星同士が衝突を繰り返していました。これをジャイアント・インパクト（巨大衝突）といいます。運動エネルギーの一部が熱エネルギーに変換されるので、惑星は一気に高温になります。たとえば火星サイズの天体が地球に正面衝突すると、地球の内部は5000℃以上になります。そうなると、マントルは底まですべて融けてしまいます。

このようなビッグイベントが、太陽系初期には頻繁《ひんぱん》に起こっていました。そして一連の衝突・合体が収まり、ある程度落ち着いてくると、あとはゆっくり冷えていく、という歴史をたどります。

地球はこのようなジャイアント・インパクトとマグマオーシャンを、1度ではなく何度も経験したでしょう。月ができたのは、火星サイズの惑星と衝突したときと考えられています（ジャイアント・インパクト説）。このときは、地球の一部は蒸発してガスになり、残りはすべて液体になったはずです。

マグマオーシャンは地球の表層環境をリセットしてしまいます。最後のマグマオーシャン以前に、たとえば生命の誕生があったとしても、それは振り出しに戻ってしまったことでしょう。つまり、最後のマグマオーシャンがその後の成長の出発点となったはずです。惑星の個性を左右する最大の要因となっているといえます。

火星から海がなくなったのはなぜか？

火星と地球の明らかな違いは海です。現在の太陽系で、表面に海がある天体は地球だけです。しかし、火星にも昔は海が存在したということは皆さんもご存じでしょう。火星の海がなくなったのは約38億年前のことです。火星ができてから7億年後に、海は消失してしまったのです（図25）。

図25：かつて海があった火星（NASA）

なぜ、火星から海がなくなってしまったのか。それは、磁場がなくなってしまったからだと考えられています。海洋底の磁気異常のことはすでにお話ししました。地球の海洋底には、磁化した向きが反対の領域が縞状に並んでいる、ということでした。火星にもこのような磁気異常が観測されます。これが、火星にもプレート運動があったことの証拠であると同時に、初期の火星には惑星磁場が存在したことを示しています。

ところが、火星の磁場は40億年前に消えてしまいました。地球では、前述したとおり、磁場が地表の環境を守ってくれています。磁場が消滅してしまった火星では、宇宙線や太陽風を直接浴びることになりました。そのため、大気が剝《は》ぎ取られ、海の水も蒸発してしまったと考えられています。

では、なぜ火星では磁場がなくなってしまったのか。なぜ地球と違った運命をたどることになったのか。それは、火星がスノーラインに近かったことと、マグマオーシャンが浅かったところが大きいと私たちは考えています。

4章で、惑星磁場を発生させているのは、液体コアの対流運動だとお話ししました。つまり、火星では、コアが40億年前に対流をやめてしまったはずです。地球の例でもわかるように、コアには鉄以外の不純物が含まれていて、それがコアの性質に大きく影響しています。

私たちは、火星コアの不純物を、硫黄《いおう》と水素だと考えていて、そのために磁場が消滅したと考えています。それについてはあとでまたお話ししましょう。

コアに含まれる不純物は何か、それはどれくらいの量が含まれているのか、それがコアの性質を決めるうえで重要で、従って惑星の個性を決めるうえで重要です。そしてそれは、太陽（中心星）からの距離と、マグマオーシャンの深さによって決まるところが大きいと考えられるのです。

マグマオーシャンの「深さ」とコアの不純物の関係

コアに含まれる不純物として考えられるのは、水素、炭素、硫黄などの揮発性の高い元素とマントルの主要元素であるケイ素と酸素です。

水素は水、炭素は有機物の形で地球に運ばれてきたものです。ですから、コア中の水素や炭素の量は、水や有機物がどういうタイミングで、どれだけ輸送されてきたのか、で決まります。タイミングも重要な理由は、コアがすでに出来上がったあと（もしくはマグマオーシャンが冷え固まったあと）で、地球に水や有機物がやってきても、もうコアに入ることは難しいからです。火星は、地球よりも太陽系の外側にあるので、氷や有機物などの低温凝縮物の供給源に近く、その分、より多くを受け取っているはずです。また硫黄も多いはずです。

では、マグマオーシャンの深さと、コアの不純物はどう関係しているのでしょう。

コアをつくる金属鉄とマグマオーシャンが化学反応を起こす際、マグマからケイ素と酸素が金属に取り込まれます。その際、高温であればあるほど、多くのケイ素と酸素が金属鉄へ入るのです。高温であればあるほど深くまでマントルが融けるので、高温のマグマオーシャンほど深いマグマオーシャンであるはずです。

まとめると、揮発性元素である水素、炭素、硫黄のコア中の量は、太陽系のどこに位置しているかで決まります。一方、ケイ素と酸素の量は、マグマオーシャンの深さで決まるということです。

ところで、マグマオーシャンの深さは、惑星の大きさによって決まるわけではありません。どれだけ高温になったか次第です。正面から衝突すれば、受け取るエネルギーも大きくなります。一方、衝突した惑星がそれほど大きくなかったり、あるいは大きな惑星であっても斜めにかすっただけであれば、あまり温度は上がらないでしょう。つまり、ひと口にジャイアント・インパクトといっても、すべてのマントルが融けることもあれば、表面のほうだけが融ける場合もあるのです。ここまでくると、コアにどれだけケイ素や酸素が取り込まれたかは、偶然としかいいようがない気がします。

火星のコアを分析すると…

火星のコアについて、不純物として硫黄と水素が含まれていて、そのために磁場が消滅したといいました。それについて説明しましょう。

2018年にNASAは火星に探査機インサイトを着陸させ、火震計（地球の場合「地震計」ですが火星なので「火震計」と呼びます）を設置しました。この火震計から送られてくるデータから、火星の内部の様子がわかってきました。その結果、火星のコアはこれまでの推定よりもサイズが大きいことがあきらかになりました。火星全体の質量などは決まっているので、コアが大きいということはそのぶんマントルが浅いというだけでなく、コアの密度も小さい必要があります。

コアが軽いということは、鉄やニッケルに多くの〝軽元素〟が含まれているということです。地球コアの話と同様、その正体ははっきりしていませんが、私たちはそれを硫黄と水素だと考えています。

硫黄についてはたしかな理由があります。地球とは比べものになりませんが、火星は比較的研究しやすい惑星です。それは火星隕石が手に入るからです。これは火星からきた隕石で、すでに100個程度見つかっています。なぜ、火星からきたとわかるのかというと、これらの隕石の中には気泡があって、その中に含まれているガスの成分が、探査機で調べた火星の大気の組成とほぼ同じなのです。

この火星隕石の成分を調べていくと、〝硫黄と仲がいい〟元素がどれも地球の岩石や隕石に比べて少ないということがわかります。これらコバルト、ニッケル、銅などは、親銅《しんどう》元素と呼ばれます。たとえば、銅は地球の岩石にもそれほど多く含まれる元素ではありません。しかし、火星隕石には地球の岩石と比べて、銅その他の硫黄と仲がいい元素（硫黄と化合物をつくりやすい）がどれも少ないのです。もともと地球の原材料物質と火星の原材料物質はそれほど大きく異なっているわけではないことを考えれば、これは不思議なことです。

それはいったいなぜなのか。おそらく、硫黄と仲がいい親銅元素は、硫黄と一緒になってコアに取り込まれているのだろうと考えられます。つまり火星コアには硫黄が多いということです。

ところが、最近の火震計を使った探査から推定された火星コアの密度は、不純物として硫黄が含まれているだけでは説明しきれないくらいの小さな値でした。そうなると、硫黄の他に、何か別の不純物が入っているはずなのです。

火星コアの別の不純物として、私たちがすぐに思いつくのが水素です。水素は、地球コアの主要な軽元素であるということでした。火星は地球よりも1・5倍、太陽から遠くにあります。地球コアの水素がもともとは水としてもたらされたことを考えれば、火星にはより多くの水が運ばれ、地球よりもさらに多くの水素がコアに入ったと考えるのはとても自然です。

火星の磁場が失われた理由

ですから、火星のコアの不純物、その主なものは硫黄と水素だろうと私たちは考えているのです。そこで、硫黄と水素を含む液体鉄をつくってみたところ、硫黄と水素はとても〝仲が悪い〟ということがわかりました。〝仲が悪い〟とはどういうことかというと、温度が高いときには混じり合っているけれども、温度が低くなると硫黄に富む液体鉄と水素に富む液体鉄のふたつに分離してしまったのです。

つまり、火星のコアの温度がまだ高かったときには、硫黄と水素は両方混じり合っていました。しかし、次第に冷えてくると、水と油のように分離してしまったと考えられます。するとどうなるのか。火星の液体コアが上下ふたつの層に分離してしまうだろうと考えられます。コアが2層に分離してしまえば、対流が起こりにくくなります。

地球では、コアの中で対流が起こることで電磁石の原理（電磁誘導）で磁場が発生しています。ところが、火星ではコアが2層に分かれてしまったために、対流が起こりにくくなり、それによって火星の磁場が消滅した、というのが私たちの考えです。

火星で起こったことを整理しましょう。太陽系の初期に、大量の水（水素）と硫黄がやってきた。水素と硫黄は不純物としてコアに取り込まれ、そのため、コアが冷えるにつれて、2層に分離してしまった。そして、磁場が消滅した。それにより太陽風の影響をうけ、大気が剝ぎ取られ、海が消滅した。これが私たちが考えた、火星のシナリオです。

地球の磁場はどうやって維持されてきたのか？

火星のコアの対流は40億年前に停止したために、磁場が失われ、その2億年後には海が消滅してしまいました。では、地球のコアの対流はなぜいまだに続いているのでしょう。

前に述べたとおり、地球コアに内核が結晶化を始めたために、6億年前に地球磁場の強度はV字回復したということでした。じつは内核が結晶化すること自体が、外核（液体コア）の対流を駆動します。問題は、それ以前に、なぜ対流が止まらなかったか、です。

マントルには、海で冷やされたプレートが重たくなって沈み込んでいるという話でした。ところが、コアは金属であり、金属を冷やして沈み込ませることは容易ではありません。熱が伝わりやすいからです。冷やしてもすぐに周りからあたためられてしまうので、冷たいままにしておくことが難しいのです。

実際、私たちのダイヤモンド・アンビル・セル装置を使って、地球コアの超高圧高温状態で金属鉄の熱の伝えやすさを測定してみました。すると、コアから大量に熱を奪わない限り、冷たい鉄を沈み込ませて対流を維持することが難しいことがわかりました。

地球磁場はおそらく40億年以上も前からずっと存在しています。6億年前に内核の誕生によってV字回復するまでの長い間、コアから大量に熱を奪い続けていたとすると、それは何を意味するでしょう。40億年前のコアはいまよりずっと高温だったということです。6000℃を超えていたかもしれません。コアがそれほど高温だと、その上にあるマントルを大規模に融解させてしまいます。太古代（40億〜25億年前）の地層にはそのような証拠はありません。

コアから大量に熱を奪うことなく対流させるメカニズムとして、私たちが提案しているのが二酸化ケイ素（SiO_2）の結晶化です。前に、コアをつくった金属はマグマオーシャンから、その主要元素であるケイ素と酸素を取り込むといいました。地球のマグマオーシャンは深くまで及んでいた、つまりとても温度が高かったので、コアをつくった金属鉄は多くのケイ素と酸素を含んでいたはずです。

コアはマントルに熱を渡して、その熱がマントルの上昇流とホットスポットの火山をつくっているという話をしました。つまり、コアは多少は冷え続けているということです。液体コアの温度が下がると、それまで溶け込んでいたケイ素と酸素の溶解度は下がります。

そもそも、鉄鋼業界で、液体鉄中に同時に溶け込めるケイ素と酸素の量は限られていることはよく知られています。それ以上では二酸化ケイ素（つまり石英）として出ていってしまうのです。

鉄鋼業界で知られていたのは常圧下の話ですが、私たちは再びダイヤモンド・アンビル・セル装置を使った実験で、同じことをコアの高圧高温下で確かめることができました。

つまり、出来立てのコアは高温で多くのケイ素と酸素を溶かし込んでいた。地球史を通じてコアは徐々に冷却し、少しずつ二酸化ケイ素を結晶化させた。二酸化ケイ素を結晶化させたあとの残りの液体は重たくなる（軽い元素を失っているため）ので、沈み込んでコアの対流を維持してきた、というものです。

火星と地球のコアを比べると、惑星の位置やマグマオーシャンの深さによって不純物の種類や量が異なり、それが対流の持続期間、さらには惑星磁場と海の維持を左右した、ということがおわかりいただけたでしょうか。

火星のマントルの状態は？

地球以外の惑星で、もっとも探査が進んでいるのは火星です。火星コアの話をしたので、マントルについても少し触れておきましょう。

地球の場合と同じように、火震によって発生した波の伝わり方を調べれば、コアの大きさ、つまりマントルの深さなどもわかります。

どの惑星であっても、地球と同じ圧力や温度で、マントル鉱物の相転移が起こるはずです。ただし留意しておかなければいけないのは、惑星のサイズが違うため、重力も異なるということです。だから、同じ深さで、相転移が起こるわけではありません。

火星表層の重力は地球表層の３分の１ほどしかありません。地下深く掘っていってもあまり高圧にはならないのです。地球では深さ４１０キロで起こる相転移が、火星では深さ１０００キロを超えないと起こりません。

火星のマントル全体の深さはおよそ１６００キロです。地球が２９００キロなので、半分以上はあるように感じますが、マントルの底の圧力としては６分の１もない、20万気圧以下にすぎません。火星にはブリッジマナイトを主体とする、下部マントルがないのです。

また、地球のように、コア直上にマントル対流の立ち上がりや加速を助けてくれる相転移があるわけではありません。それほど活発な上昇流は起きていないはずです。

火星にはオリンポス山という大きな火山があります。おそらく太陽系でもっとも大きな火山だといわれています（図26）。周囲の地表から高さ約２万７０００メートルもあり、富士山の高さの８倍、体積にしたらその３乗ですから、山体としてはかなり巨大なものであることがわかるでしょう。このオリンポス山が、活火山かどうかということについて、さまざまな見方があり議論になっています。あれだけ大きな山なのに、もう何億年も噴火

図26：火星のオリンポス山（NASA）

した形跡がない、つまり最後の噴火から数億年が経過しているからです。それは、マントルの活動が停止してしまったか、あるいは活発ではない、ということを示しています。

マントルの対流が不活発であるということは、冷える速度が遅いということでもあります。マントルが対流し、深部の熱を表面近くに運び、放出することで、惑星は冷えていきます。火星は地球よりも小さな星ですが、小さければ体積に対して表面積が大きくなるので、同じ条件であれば地球よりも早く冷えていくはずです。しかし、火星では対流が活発ではないため冷える速度が遅く、そのため、いまもまだゆっくりと活動しているのです。その理由のひとつは、地球のようにマントルの底に上昇流の立ち上がりを助ける相転移がないからだと考えられます。

火星はなぜ小さい？

太陽系には、まだよくわかっていない不思議なことがたくさんあります。火星についても、大きな謎が残されています。すなわち、火星は、なぜ小さいのか。

太陽系の惑星の大きさを見ていくと、太陽から近い順に、水星、金星、地球と次第に大きくなっていきます。しかし、火星は地球よりも小さく、大きさは約10分の1になっています。いったいなぜなのか、これも大問題です。

太陽系ができた過程を思い出してください。宇宙空間の分子雲が集まって中心星ができて、その周りを回っていた塵が集まって惑星になった、というのが定説です。

たとえば地球は、地球軌道上にあった塵を〝食べて〟成長して、いま、このサイズになっています。地球より内側では軌道を一周しても、その軌道上にある〝食べ物〟は少ないはずです。だから、太陽からの距離と、惑星の大きさは比例すると考えるのが普通です。

実際に、水星、金星、地球まではそのようになっています。

ところが、火星は地球よりも小さいのです。火星は地球よりも太陽から1・5倍離れた軌道を回っています。ということは、軌道の長さも1・5倍、軌道上にあった〝食べ物〟もトータルでは地球よりも多かったはずです。それをすべて食べて成長したとしたら、当然地球よりも大きな星になっているはずです。

それなのになぜ、地球の10分の1しかないのか。

これにはさまざまな説があります。もっとも有名なものはグランドタックと呼ばれるモデルです。これは、太陽系の惑星形成期に木星と土星という大きな惑星が、太陽の近くまで近づいてきた。そのときに、火星軌道上にある〝食べ物〟を一緒に連れてきてしまった。木星や土星はその後、再び太陽から離れていったが、火星軌道には〝食べ物〟があまり戻らなかった、という考え方です。このモデルのとおりだとすれば、火星が小さい理由も説明がつきます。

しかし、このモデルでは、実際に木星や土星がどのような原理で太陽の近くまでやってきたのか、そして戻っていったのか、説明していません。

一方、木星や土星クラスの巨大な惑星が中心星の近くに存在するという例は、実際に数多く観測されています。１９９５年に最初に発見された太陽系外惑星も、それにあたります。ペガサス座51番星bは、太陽に似た中心星の周りを回る木星サイズの惑星で、公転周期はわずか4日。つまり、中心星のすぐ間近をぐるぐると回っているのです。そのため、表面温度が非常に高温になっていて「ホット・ジュピター」と呼ばれています。このようなホット・ジュピターはいくつも発見されています。

つまり、木星サイズの惑星が太陽のすぐ近くまでやってくることは実際にありうるということが、観測によって確かめられたわけです。しかし、グランドタックモデルでは、いったん太陽に近づいた木星や土星が、もう一度外側の軌道に戻っていかなければ成立しません。それについては、まだ説明がなされていません。

火星がなぜ小さいのか、まだその謎は解明されたとはいえないのです。

金星に海ができなかったのはなぜか？

マグマオーシャンがそれぞれの岩石惑星の出発点だ、という話をしました。マグマオーシャンの時代がどのくらい続いたのか、ということも、惑星のその後の運命を大きく左右します。

それについて説明するために、今度は金星の話をしましょう。金星は、地球よりも太陽に近いので、太陽からより多くのエネルギーを受け取っています。そのため、宇宙空間に放出するエネルギーと太陽から受け取るエネルギーはほぼバランスがとれていて、なかなか冷えない、冷えるのが遅いという特徴があります。マグマオーシャンがいったんできると、なかなか冷え固まらず、何億年も続くことになります。

地球には、スノーラインの外側から50海水程度の水が運ばれてきたはずだといいました。マグマオーシャンが続いている間は、水があっても海にはなりません。水蒸気として大気中に漂っている状態です。金星の場合、マグマオーシャンの時代が続いている間に、大気中の水素が宇宙空間に逃げていってしまい、水蒸気も失われてしまった可能性があります。そうなると、マグマオーシャンが固まって岩石になっても、海はできません。おそらく、金星は一度も海を経験していないはずです。そのために、金星の二酸化炭素は永遠に排除されることはなく、いまも二酸化炭素の大気で覆われているわけです。

火星、地球、金星と見てくると、マグマオーシャンが惑星のその後の個性、進化を決めているということがわかると思います。マグマオーシャンがどんな不純物をどのくらい含んでいたのか、深さはどのくらいだったのか、それはどのくらいの期間続いたのか、この

３つが特に重要な要素だと考えています。

月はなぜ白く輝くのか？

さて、マグマオーシャンという概念が提案されたのは、じつは最近のこと、１９６０年代でした。きっかけは、アポロ計画で人類が月の石を手に入れたこと。地球には、マグマオーシャンの存在を示す証拠はまったく残っていなかったからです。

望遠鏡で月を覗いてみると、黒い部分と白い部分がまだらになっているのがわかります。黒い部分が〝餅つきをするウサギ〟に見えたりカニに見えたりすることは、よく知られていますが、この黒い部分は反射率が低く、つまり黒い石でできていて、白い部分は反射率が高い白い石でできています（図27）。

アポロ計画で送り込んだ探査機が月面で採取した「月の石」を調べてみると、黒い石のほうは玄武岩《げんぶがん》であることがわかりました。玄武岩は地球ではありふれた岩石です。また、地球以外の岩石惑星にも多く見られます。

一方、白い石のほうは、地球にはほとんど見られない岩石であることがわかったのです。

図27：反射率が高い石で白く輝く月

地球上で白い石といえば、花崗岩《かこうがん》が一般的です。花崗岩も玄武岩同様、地球ではごくありふれた鉱物です。花崗岩は、石英《せきえい》、長石《ちょうせき》、黒雲母《くろうんも》という3種類の鉱物でできています。月の白い石はほぼこの長石（細かくいうと長石の仲間のひとつである斜長石《しゃちょうせき》）だけでできていたのです。

通常、岩石はいくつかの異なる種類の鉱物の集合体です。1種類の鉱物からできている岩石は、じつは地球ではほとんど見られません。まったくないというわけではありませんが、珍しいものです。

ところが月の白い石は、ほぼ斜長石1種類だけでできていました。そして月面の大部分は、その白い石で覆われていたのです。月面の黒く見える部分は、この白い石ではなく玄武岩ですが、月の裏側には黒い部分はほとんどありません。月の裏にウサギはいなかったのです。つまり、月面の非常に多くの部分を、この斜長石が覆っているということがわかったのです。

月の探究が生んだマグマオーシャン

なぜ、月の表面にはこんなに多くの斜長石があるのか。これらはどのようにしてできたのか。それは当時の研究者たちの頭を悩ませました。

そしてひとつの仮説が提案されました。

昔、月はドロドロに融けていた。それが冷え固まる過程で、さまざまな鉱物が結晶化していった。そのとき、これらの鉱物はマグマより重いので下に沈んでいった。ところがこの斜長石だけはマグマより軽いので、浮き上がって表面に集まった、というのです。

この説には説得力があったので、多くの研究者が「なるほど」と膝《ひざ》を叩いて納得しました。そこで初めて、マグマオーシャンという概念が生まれたのです。

前述したように、地球にはマグマオーシャンの存在を示す証拠はいっさいありません。要はマグマオーシャン当時の岩石はないのです。いま、地球で採取できるもっとも古い岩石は40億年前のものです。地球のマグマオーシャンはおそらく45億年前。この時代の岩石は見つかっていません。前にも述べたように、岩石記録のない地質時代が冥王代（地球誕生から40億年前まで）です。

しかし、月で起こったことは、地球を含め、すべての岩石天体で起こりうることです。いまではこのマグマオーシャンによって、惑星のさまざまな進化や特徴が説明できると考えられています。アポロ計画の大きな成果のひとつといえるでしょう。

月の誕生の謎

１９６０年代にアポロが月に到達したことで、月については観測が進み、多くのことがわかっています。しかし、一方でよくわからない大きな謎もあります。

月の半径はおよそ１７４０キロで、これは地球の約４分の１です。地球中心部にある内核の半径が１２２０キロですから、それよりもひと回り大きいくらいです。

それでも、月は地球には分不相応なくらい大きな衛星です。たとえば火星にはフォボスとダイモスというふたつの衛星があります。火星の半径３４００キロに対して、それぞれ大きさが10～20キロしかありません。ふたつともゴツゴツしたいびつな形をしているのは、重力で十分に丸くなれないくらいのサイズの天体ということです。そして、衛星というも

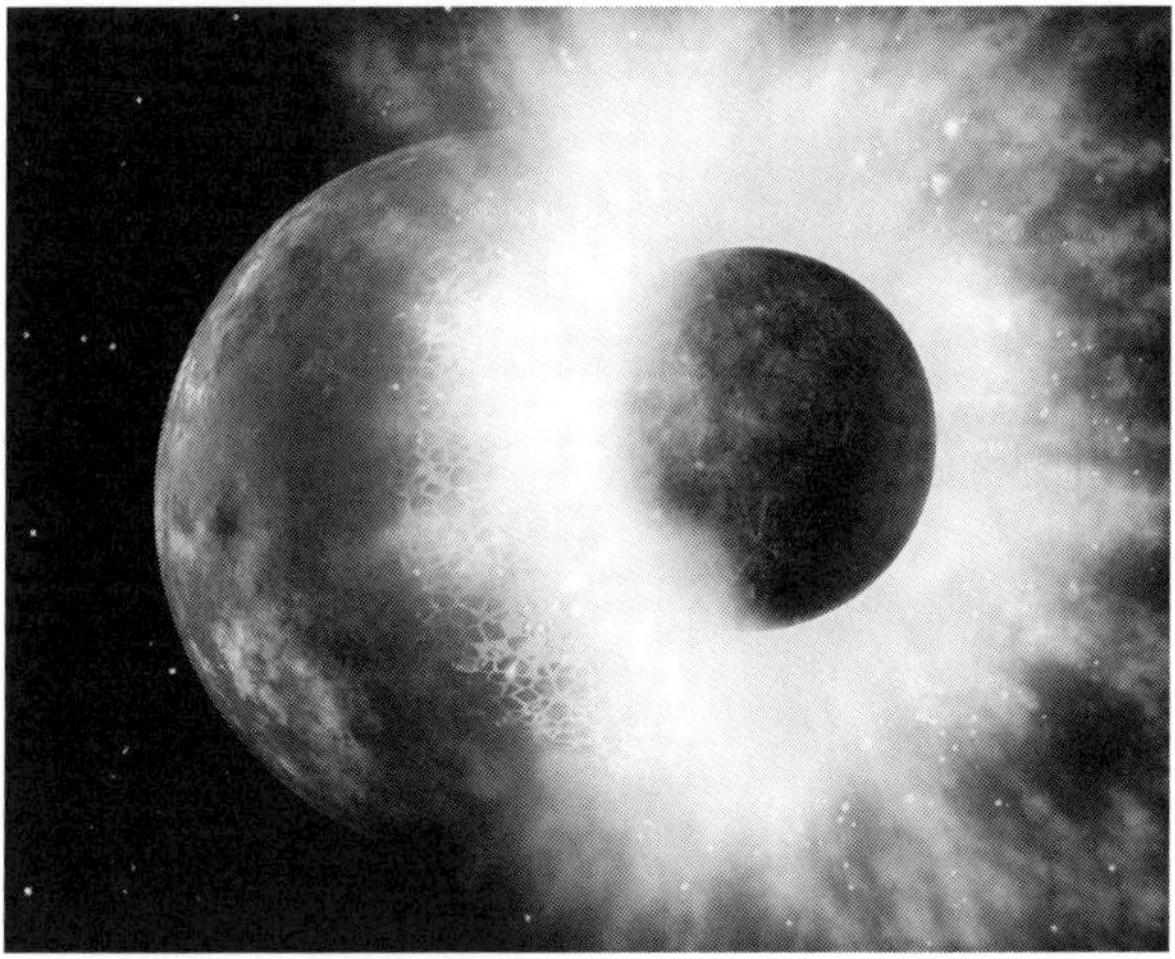

図28：月誕生の原因・ジャイアント・インパクト説（NASA）

のは本来そのくらいのサイズが普通なのです。

ところが月は地球には不釣り合いなくらい大きい衛星です。このような大きな衛星が、いったいどのようにしてできたのかということを説明するために出てきたのが、ジャイアント・インパクト説です（図28）。

この説では、火星と同じサイズの原始惑星が地球に衝突したと考えます。その際に衝突してきた天体（インパクターと呼びます）が粉々になり、また、地球のマントルの一部も弾《はじ》け飛んで、地球の周りを土星の輪のように回り出した。やがてそれらが合体して月が形成された、というものです。

このジャイアント・インパクトが、月の誕

生についてもっとも有力な説と考えられていますが、それでも説明できないことがあります。

それは、月と地球の組成があまりに同じであることです。太陽系の岩石惑星も始原的隕石も、難揮発性成分は組成が一緒、という話をしました。しかし、安定同位体比という数値は天体ごとに異なるものです。たとえば酸素の安定同位体比とは、^{16}O、^{17}O、^{18}Oの比を指します。

たとえば、2010年に小惑星探査機「はやぶさ」が、「イトカワ」を探査して表面物質を採取して戻ってきました。それがなぜ地球の物質ではなく、小惑星イトカワの物質だと確実にわかるかというと、安定同位体比が異なるからです。

ところが、月の石を地球の石と比べてみると、安定同位体比がぴたりと一致します。安定同位体比で、それを地球外の石だと判断することができないのです。

ジャイアント・インパクト説によれば、月は地球の分身のようなものなので、それは当たり前だろうと思うかもしれません。しかし、そうではありません。数値計算によれば、月の約5分の1は地球に由来し、残りの5分の4はインパクターに由来するとされます。地球に火星サイズの天体が衝突して月ができたのなら、インパクターもまったく同じ安定同位体比を持っていないといけないことになります。

月のように、地球と安定同位体比がぴたりと一致している天体は、他には見つかっていません。地球に衝突したインパクターが、たまたま同じ安定同位体比を持つ天体だったと考えるのは無理があります。

この〝謎〟についてはまだ答えが出ていません。つまり、私たちにとってもっとも身近な天体である月がなぜ生まれたのかという基本的な事柄も、まだ完全には解明されていないのです。

地球のマグネシウムはなぜ多い？

地球がかつてマグマの海に覆われていた、というようなビッグイベントも、つい50年ほど前にはわかっていなかったように、この地球を見たときに、まだまだわかっていないこと、謎がたくさんあります。

たとえば、難揮発性元素については、地球、太陽、始原的隕石はみな化学組成が同じであるという話をしました。始原的隕石の代表格である炭素質コンドライトも太陽も、マグネシウムとケイ素の比率は原子比にしておよそ1対1になっています。ところが、地球の場合はどうかというと、岩石が自然界で手に入る上部マントルの化学組成を調べると、マグネシウムがケイ素の1・27倍。

始原的隕石の主要鉱物は$MgSiO_3$が主成分の斜方輝石《しゃほうきせき》と呼ばれる鉱物です。マグネシウムとケイ素がほぼ1対1です。一方、地球の上部マントルの主要鉱物は、Mg_2SiO_4を主成分とするカンラン石です。両者の違いはあきらかですね。

そもそもいちばんたくさん入っている鉱物が違うのですから、地球と始原的隕石の組成が同じと考えるのは無理があるように見えます。この問題を解くのにふたつの提案がなされています。

ひとつ目は、マントル中のマグネシウムがケイ素より多いのは、コアにケイ素が豊富に含まれているため、という考えです。コアに含まれる不純物の話を思い出してください。ケイ素は不純物である軽元素の有力候補のひとつという話でした。出来立ての地球コアにはケイ素も酸素もたくさん入っていて、冷却とともにSiO_2が結晶化しているのではないか、という話もしました。コアにどれだけケイ素が取り込まれたのかはまだはっきりしていませんが、この考えが正しい可能性は十分にあります。

ふたつ目が、地球の上部マントルの組成はマントル全体の組成とは異なるのではないか、という考えです。実際に岩石が手に入るのは上部マントルに限られます。普段、私たちは、全マントルの化学組成は均質と考えて、たとえば下部マントルの鉱物や岩石を実験室で合成しています。しかし、それは間違っているかもしれません。

深さ660キロから2900キロまで続く下部マントルの体積は、上部マントルのそれよりもずっと大きいため、下部マントルのマグネシウムとケイ素の比率が1対1であれば、マントル全体としてはほぼ1対1になります。こう考えれば、地球のマントルと始原的隕石の主成分元素であるマグネシウムとケイ素の量比が同じになります。

この考えも、部分的に正しいかもしれません。これまでマグマオーシャンの話はたくさんしてきました。月のマグマオーシャンが冷え固まるときに、斜長石が浮き上がって月の表面を覆ったことがわかっています。同じように、地球のマグマオーシャンでも、結晶化した重たい鉱物が沈むことにより、上部マントルと下部マントルは異なる化学組成になった可能性があるのです。

実際、私たちの実験で、下部マントルの領域でマグマオーシャンが冷え固まると、$MgSiO_3$を主成分とするブリッジマナイトが最初に結晶化することがわかっています。重たいブリッジマナイトがマグマオーシャンの底から結晶化していくことにより、下部マントルにブリッジマナイトのみからなる領域ができたかもしれません。

さらに、ブリッジマナイトのみからなる岩石はとても硬い、変形しにくいという特徴を持ちます。それゆえ、マントル全体の対流運動に参加せず、45億年も経過した現在でも、下部マントルに部分的に残っている可能性があります。

これらふたつの考えが正しいかどうかはまだ議論があります。しかし、地球の上部マントルと始原的隕石の主要鉱物が異なる、というこの大問題は、これらふたつの合わせ技で解決できるのではないかと私は考えています。

このように、地球の深部には、ほんとうに根本的なところでまだ解決できていない問題がたくさんあるのです。

その他の太陽系惑星の内部構造

岩石惑星と呼ばれる水星、金星、地球、火星は、同じような組成の岩石でできていて共通点も多いのですが、細かく見ていけばさまざまな違いがあります。探査機からX線を照射することにより、これら岩石惑星の表面の化学組成が分析されています。

前述したように、たとえば、水星の岩石には鉄がほぼ含まれていません。水星にはスノーラインの外側からほとんど水が届かなかったため、酸素によって鉄が酸化されず、すべて金属鉄となってコアに入り込んでいます。その分、コアが大きくて、直径の75パーセントにもなります。ただし、ここまでコアが大きい、つまりマントル部分が薄いのは、ジャイアント・インパクトによってマントルが吹き飛ばされたからだという話もしました。

水星のもうひとつの特徴は、弱い磁場があることです。現在も惑星磁場を持っている岩石惑星は、地球以外に水星しかありません。

これもすでにお話ししてきたように、惑星磁場を持っているということは、コアがまだ液体である（少なくとも固まりきっていない）、そして対流している必要があります。水星が液体コアを持っていることは少し驚きでもあります。コアが液体のままで存在するには、融点が低いほうが有利です。ケイ素以外の不純物をたくさん含んでいると融点が大きく下がります。しかしながら、水星はスノーラインからはるか遠い位置にあるので、水や有機物が大量に運ばれてきたとは考えにくい、つまりケイ素以外の不純物がコアにあまりなさそうなのです。

また、どの岩石惑星もその内部構造が推定されています。すでにお話ししたように、火星には、火震計が設置されて、その内部構造について詳細なデータが得られつつあります。月に関しても、アポロ計画による月震計を使った実地調査のデータがあります。最近になって解析技術が進歩すると、当時はわからなかったことがデータからわかってきます。それによれば、月には非常に小さい金属のコアがあるとされています。

それ以外の天体の内部構造を推定するには、慣性モーメントという観測値を使います。慣性モーメントは昔からよく知られた観測量で、密度とその半径を掛け算して足していったものです。物体の「回しやすさ」を表します。真ん中に重いものが集中している、つまりコアが大きいと慣性モーメントが働きません。逆にコアが小さいと慣性モーメントが大きくなります。つまり、実際の惑星の回転を観測することで、中心に重たいものが集中しているかどうか、つまり、コアのサイズが推定できるわけです。

地表の岩石試料や火震計のデータなどがなくても、この慣性モーメントを頼りに、ある程度の推測ができます。実際、金星の内部構造は、地球とほぼ同じだろうと推定はされています。

しかし、今回、火震計のデータ解析からわかったことは、事前に推定していたことと実際の観測データはやはり違うということ。慣性モーメントからコアのサイズを予測するには、コアの密度、すなわち不純物の量を仮定する必要があります。地球コア中の不純物組成を特定することすら難しいことを考えると、他の惑星のコア組成の推定は容易ではありません。

地球深部、そして他の惑星の深部についても、まだまだ謎はつきません。

終章　足元から森羅万象を解明する地球科学のススメ

地球科学の対象はどんどん広がっている

ここまで読んできていただいた読者の方の中には、この本には地球の話ばかり書いてあるかと思ったら、生物の起源とか、火星や月やアポロの話とか、いろいろな話題が出てきて驚いた方がおられるでしょう。地球科学は、天文学や生物学との境界領域を中心に、現在でもその枠がどんどん広がっている学問です。

太陽系には惑星が8つしかありませんが、太陽以外の恒星の周りにももちろん惑星があります。その最初の発見は1995年のことで、比較的最近ですが、これまでにすでに5

000個以上の太陽系外惑星が見つかっています。地球をこれだけの数ある惑星のひとつと捉えると、生命の誕生も含め、地球で起こったことがどれだけ他の惑星でも起こり得るのか、ちょっと条件が違うと何が起こったはずなのか、知りたくなりますね。これも天文学と地球科学の境界領域です。

また、生命の活動や進化は、地球の表層環境と相互に強く影響しあっています。たとえば、われわれは酸素を吸って生きています。ところが、地球の始まりから大気中に酸素があったわけではありません。酸素は光合成の産物なのです。いまから27億年前に酸素発生型の光合成が始まり、大気や海水中に酸素が存在するようになりました。生物はそのような酸素のある環境に適応するべく進化した、というわけです。生命と環境が互いに影響している、わかりやすい例です。

生命の活動は、タンパク質という触媒できちんと交通整理された、一連の化学反応です。いまからおそらく40億年以上も前に、地球の表層で起こっていた一連の化学反応が進化して、生物が誕生したはずです（ちなみに、私は、生命が宇宙からきたという「パンスペルミア説」ではなく、その材料物質である有機物から地球上で生産されたと思っています）。つまり、生命の誕生に関する研究は、地球科学と不可分です。生命も地球の産物、地球の一部といってもよいでしょう。

地球科学の醍醐味《だいごみ》とは

地球科学の難しいところは、実験室ですべてを再現することがとてもできないところにあります。大昔に起こったことを地質記録から推定しようにも、特に古い時代は、限られた試料しか手に入りません。

たとえば、地球ができた頃の岩石記録は地表に残されていません。地球がどのような材料物質からどのようにできていったのか、マグマオーシャンが冷え固まった直後の「地球の出発点」はどのようなものだったのか、そこから生命はどうやって生まれたのか、などについて、当時の地質記録がないのです。

私たちはその代わりに、地球科学の中のさまざまな分野、さらには天文学や生物学などを組み合わせて、なんとか理解しようとしています。

地球の出発点とか生命の起源といった大きな問題はまだ解明できていませんが、あの手この手を使って理解できるようになったこともあります。たとえば、マントルの温度です。

地球の内部は高圧と高温の世界です。密度は地震波速度を決めるパラメータのひとつなので、地球内部の密度構造はかなり正確にわかっています。密度構造がわかれば、圧力を計算するのは訳ありません。一方、地球内部の温度を推定するのは容易ではありません。

掘削すれば温度はわかります。3章に書いたように、1キロメートル掘れば30℃くらいの温度になります（つまり1キロ掘って水脈に当たれば、出てくる水は必ず〝温泉〟というわけです）。しかし、どこまでも掘りすすめることはできません。マントルの温度をどうしたら知ることができるのでしょう？　マントルからやってくるマグマの温度を使った推定も盛んになされていました。しかし、噴火するまでにマグマの温度が下がってしまった可能性も否定できず、その点が大きな論争になっていました。

決め手となったのが、海洋地殻の厚みが世界中でほぼ6キロであることでした。海洋地殻のほとんどはマグマが冷えて固まったものです。すなわち6キロの厚みのマグマを定常的につくり続けるには、世界中のマントルの温度がおよそ1300℃のはずなのです。マントルの温度を推定するには地殻の厚みを見ればよかったということです。

この本で何度も書いたように、地球科学には、誰の目にも明らかな〝不思議なこと〟がたくさん残されています。それらを解決する決め手は、おそらく誰もまだ気づいていないところにあるのだろうと思います。それを見つけるのが、地球科学の大きな醍醐味でしょう。

私たちの研究室からは、次々と実験結果が出てきます。こういう実験をしたらこうなりました、で終わるのではなく、それが地球やその他の惑星にとってもっと大きな意味があるのではないか、と私たちはいつも考えています。前述したように、大きな問題を解決する糸口がどこにあるかわからない、いっけん関係がないように見えて、じつはそれが鍵だったりするからです。

地球科学におけるパラダイム・シフト

パラダイム・シフトという言葉を聞いたことがあるでしょうか？　それまでの定説がガラッとひっくり返ることを指します。プレートテクトニクス理論は、地球科学におけるパラダイム・シフトとなった、とても重要な理論です。それまでに地質学や地球物理学の伝統的な手法を使って、地球の表層や深さおよそ100キロ程度までの浅い領域で観察、観測されていた多くのことが、プレートテクトニクスという単純な考え方で、統一的に説明、さらには未来が予言されるようになりました。

プレートテクトニクスに関する最初の論文は、当時まだ25歳だったマッケンジーらによるものです。3章で紹介したプレートテクトニクスは、いまではイギリスの小学校でも教えられているほど、とても単純な理論です。地球科学における最大の科学革命といえるプレートテクトニクスも、観測データが揃って、いったん気づいてしまえば誰でも理解できるような話だった、ということです。

科学者は通常、定説にしたがって観察・観測データを解釈しようとします。しかし、定説では説明できないデータが、多かれ少なかれあるものです。ところが、定説を疑って、別の説を唱えることをなかなかしようとはしません。

私自身も例外ではありません。実際、たとえば実験データの場合、実験のミスによることが多いからです。本当に定説が間違っているという確信を持てるまで、それを言い出す勇気はありません。多くの科学者は定説を疑うことがあっても、なかなか言い出せない、というのが本当のところかもしれません。

私たちが、下部マントルの主要鉱物ブリッジマナイトが最下部マントルでポストペロフスカイトへ相転移《そうてんい》することを最初に突き止めたのは２００２年の冬のことです。まさにそれをねらってアメリカに留学するなど6年以上も前から準備していたものの、すぐにその実験結果を公表する勇気がありませんでした。マントルの底まで主要鉱物はブリッジマナイトのまま、という当時の定説をひっくり返すには、もっと証拠を固める必要があったからです。

実際、自分でも確信が持てたのは、ブリッジマナイトからつくったポストペロフスカイトが、減圧してもう一度加熱すると再びブリッジマナイトへ戻ったときのことでした。試料中にゴミが混じっていたというような場合に起こる特別な変化は、不可逆だからです。

このような発見にもう一度立ち会いたいものです。

もっとサイエンスに触れる機会を！

私がなぜ地球科学の研究を続けているか。それは､面白いからです。地球科学に限らず、理学の研究をする主な動機は好奇心です。残念ながら、多くの場合、理学は直接社会の役に立ちません（自分の研究が世の中に見える形で役に立つというのは、うらやましいと思うこともあります）。しかし、その面白さを世間に知ってもらいたいと願っています。

多くの方々は、普段、地球の深部のことにはあまり関心を持たないでしょう（この本を読んでくださる方は例外かもしれません！）。毎日の生活とはまったく関係ないと思っている方がほとんどだと思います。たまに地震が起きたときに、自分の足元はどうなっているんだろうと不安に感じる程度でしょう。私たちの身の周りの環境が、じつは地球の成り立ちや地球内部の状態と密接に関連している、という認識を持つ機会はほとんどないかもしれません。

残念ながら本屋さんにいっても、科学に関する雑誌がほとんどないことを実感します。アメリカでは8ドル（1000円ぐらい）で買えるようなサイエンスマガジンがいくつも発行されています。有名な『ナショナル・ジオグラフィック』も地学系ですし、ケーブルテレビにはサイエンス番組ばかりを放送するチャンネルもあります。一般の人々の科学に対する関心は、日本より相当高いと感じます。

最近、私たちは「火星のコア」について記者発表しました。7章で紹介した、火星のコアの対流と磁場の消滅の話です。日本ではひとつの全国紙に取り上げていただいたにすぎませんでした。

一方、これを見たカナダのYouTuber（数学の先生）が、このややむずかしい話を自分で噛《か》み砕いて、一般の人にもわかりやすく解説した動画を公開したところ、なんと最初の1か月の間に15万回の再生を記録しました（https://www.youtube.com/watch?v=aYpjquXwpH4）。彼のような、社会と科学者の間に立ってコミュニケーションを助けてくれる人材が、お金もうけとは無縁の研究成果を社会に伝えて、多くの人が楽しんでいる。こういう人材を日本でももっと育てる必要があると思います。

最近、日本で「チバニアン」が認定されたときには、めずらしく地球科学の話題がニュースになりましたが、まだまだ地球科学は地味な存在です。一方で天文に関する話題は、どこかロマンチックな感じがするためか、話題になる回数も多く、私からすれば、世間一般の人はお星様には興味はあっても、自分たちの足元には関心はないのかと、ちょっと残念な気がしています。

マントルは口絵に示すようなきれいな色の鉱物で満ち満ちている、深さ150キロより深いところはダイヤモンドがざっくりあるかもしれない、ということからでもよいので、もう少し関心を持ってもらいたいと願っています。

私たち科学者も、社会に対してもっと発信していかなければいけないと思っています。きっと誰もが1度くらいは地球の断面図を見たことがあるでしょう。地面の下にマントルているというものがあり、その下にはコアがある。そのくらいのことは、大部分の人が知っているると思います。でも、ほとんどの人はそこまでで、たとえば日本の下で地震を起こす、沈み込んだ海洋プレートはそのあとどうなるのか、不思議に思う人は少ないでしょう。コアが私たちの生活とどう関係があるのか、コアを調べていくと何がわかるのか、どうやって地球の起源を探るのか、などということは、あまり考えたことはないでしょう。

この本を読んで、地球がいったいどういう営みをしていて、それが表層環境にどういう影響があるのか、理解していただけると、たいへんうれしく思います。たとえばプレート運動は地震を起こす厄介者です。太平洋の海の底が年間8センチも日本の下に沈み込んでいると聞くと、恐ろしい気がするかもしれません。

しかし、プレート運動はただの厄介者ではありません。日本にたくさんある火山はプレート運動の産物です。火山にいけば周辺に温泉もたくさんありますね。また、金星を見ると、できたばかりの地球では大気中に二酸化炭素が現在の1000倍以上あっただろうと考えられます。これを取り除いてくれたのも海とプレート運動です。さらに、地球初期の時代から現在まで、冷たい海洋プレートをマントルの底まで運び、コアを冷却して、地球磁場と海を維持し続けてくれているのです。いまの地球の環境に、プレート運動が大きく貢献していることをわかっていただけたでしょうか。

地球科学はこんなに身近にある

地球の内部や地球の歴史は、目に見えないものだから身近に感じられない、という方がいるかもしれません。そういう方には、ジオパークがあります。

ジオパークとは、地球科学的に価値のある地形や景観を保護して、教育やツーリズムに活用しているプログラムです。「日本ジオパーク委員会」が認定するジオパークが全国46地域にあります。

ただ、地球科学の目で見れば価値のある地形や景観でも、一般の人はなんらかの説明がないとわかりません。もちろん、富士山のようなわかりやすい地形なら誰でもわかります。すぐ近くまでいかずとも、東名高速の御殿場《ごてんば》インターを過ぎたあたりから、その裾野《すその》が大きく広がっていて、地球の営みの雄大なスケールを感じることができるでしょう。でも、そのように誰にでもすぐにわかる地形ばかりではないので、なんらかの説明がないと、「ああ、なるほど」とは思わないものです。

そういう意味では、ある程度の説明が必要なのですが、私が個人的に好きで、おすすめしたいのはカルデラです。

カルデラは、もともとはきれいな形をしていた山の上半分が吹っ飛んで、穴が空いてしまった地形です。ポスト・カルデラの火山活動といって、カルデラができたあとにさらにマグマの噴火が続くのが普通です。

たとえば、箱根のカルデラは有名ですが、芦ノ湖《あしのこ》はカルデラの中に水が溜まってできた湖です。その芦ノ湖の横に、箱根駒ケ岳《こまがたけ》などのポスト・カルデラ火山があります。つまり、箱根は、もともとすごく大きな火山だったのです（そうではなかったという説もあります）。それが、上半分が吹っ飛んで、ぽっかりと穴が空いたのがいまの箱根。周りをぐるりと、あとに残った外輪山《がいりんざん》が取り囲んでいます。吹き飛んだ山体の大部分は現在相模湾《さがみわん》の海底にあります。

ただ箱根はスケールが大きすぎて、空から見ればきれいなのですが、地上からは全体像がわかりにくいですね。

人間の目でわかるスケールのものならば、三原山《みはらやま》（伊豆大島）がおすすめです。三原山も箱根と同じで、最初は大島全体がもう少し大きな火山だったのですが、山頂付近が吹っ飛んで、そのカルデラの中に三原山という活火山がある、という構造になっています。三原山は誰でも比較的楽に登れて、山頂までいくとカルデラの縁をきれいに見渡せます。山頂が吹き飛んで、そこに壁が残って、いまわれわれはもともと山だったところの中にいるのだ、ということがよくわかります。

マグマが地表まで噴火せずに地中で固まったりしたものが、そのあとに地上に露出している場所もたくさんあります。断面が六角形の柱状節理《ちゅうじょうせつり》をご存じでしょうか。六角形といえば、蜂の巣も一つ一つの穴は六角形ですね。できるだけ等方的な形（つまり円に近い）で、平面を隙間なく埋め尽くすことができるのが正六角形なのです。柱状節理は、マグマが冷え固まるときに収縮して、六角柱状になったものです。東尋坊《とうじんぼう》（福井県）や玄武洞《げんぶどう》（兵庫県）などが有名です。日光の華厳《けごん》の滝も、滝の裏側や脇には柱状節理がきれいに見えます。溶岩流の規模の大きさに圧倒されるでしょう。

地球科学に少しだけ興味を持ってみると、こうした各地の地形や景観を見る目も、また違ってくるでしょう。皆さんも、カルデラ火山のみならず、全国のジオパークへぜひ足を運んでみてください。

地球を掘りすすむと何があるか

2022年7月20日　初版印刷
2022年7月30日　初版発行

著者◉廣瀬 敬

企画・編集◉株式会社夢の設計社
東京都新宿区山吹町261　〒162-0801
電話 (03)3267-7851(編集)

発行者◉小野寺優

発行所◉株式会社河出書房新社
東京都渋谷区千駄ヶ谷2-32-2　〒151-0051
電話 (03)3404-1201(営業)
https://www.kawade.co.jp/

DTP◉イールプランニング

印刷・製本◉中央精版印刷株式会社

Printed in Japan　ISBN978-4-309-50437-7